僕らが変われば まちが変わり、まちが変われば 世界が変わる

トランジション・タウンという試み

转型城镇

一场应对气候变化的社区实验

[日]榎本英刚 - 著　　朱惠雯 - 译

中国出版集团

中译出版社

著作权合同登记号：图字 01-2024-2071 号
审图号：GS 京（2024）1960 号

图书在版编目（CIP）数据

转型城镇：一场应对气候变化的社区实验 /（日）
榎本英刚著；朱惠雯译 . -- 北京：中译出版社，2025.
2. -- ISBN 978-7-5001-8063-0

Ⅰ . X321

中国国家版本馆 CIP 数据核字第 2024F151B9 号

转型城镇：一场应对气候变化的社区实验
ZHUANXING CHENGZHEN: YI CHANG YINGDUI QIHOU BIANHUA DE
SHEQU SHIYAN

著　　者：[日]榎本英刚
译　　者：朱惠雯
策划编辑：王海宽
责任编辑：朱小兰
文字编辑：王海宽　刘炜丽　王希雅
营销编辑：任　格

出版发行：中译出版社
地　　址：北京市西城区新街口外大街 28 号 102 号楼 4 层
电　　话：（010）68002494（编辑部）
邮　　编：100088
电子邮箱：book@ctph.com.cn
网　　址：http://www.ctph.com.cn

印　　刷：北京中科印刷有限公司
经　　销：新华书店
规　　格：850 mm × 1230 mm　1/32
印　　张：8.25
字　　数：130 千字
版　　次：2025 年 2 月第 1 版
印　　次：2025 年 2 月第 1 次

ISBN 978-7-5001-8063-0　　　　　定价：79.00 元

中　译　出　版　社

前　言

　　2019 年 10 月 12 日，第 19 号台风"海贝思"从东海一路北上至日本东北地区，带来了破历史纪录的暴风、暴雨和风暴潮。这场后来被命名为"令和元年东日本台风"的 19 号台风，还袭击了我当时所居住的神奈川县藤野地区。这个位于神奈川县和山梨县交界处、充满里山风情的小镇多处发生山体滑坡，大量房屋倒塌，造成了大量人员伤亡，众多居民被迫避难。这件事让我感受深切，我意识到解决气候变暖引起的气候危机问题已经刻不容缓。

　　2020 年初，在人们尚未从台风的打击中恢复过来时，新型冠状病毒又开始传播，全世界面临着新冠疫情大流行的新危机，并且至今仍对我们的生存、生活方式有着巨大影响。正如众多学者、有识之士所指出的：追根溯源，我们不难发现，这两次危机与人类社会在经济活动上的快速扩张有着密切关系。这种扩张模式在很大程度上依赖石油、煤炭等化石资源，虽然这种模式在过去推动了工业化和现代化的进程，但同时也带来了不容忽视的环境影响，并且已经威胁到人类自身。

其实，无论是气候危机还是流行病，都是自然界向目前这种以无限增长和贪婪扩张为前提的经济活动敲响的警钟，并要求我们立即作出回应。然而，眼前的课题涉及范围如此之广，以至于我们对这些警钟所作出的回应将对这个时代乃至未来世代的人类造成重大影响。因此，这个问题不能只交给一部分政治家、企业家或者科学家来解决。在这个问题上，任何人都不是所谓的"局外人"。

然而，面对如此之大的课题，恐怕很多人都会不知所措吧。当然，我相信已有不少人在力所能及的范围内做着各种努力。比如，针对气候危机问题，人们为了减少碳排放而尽可能使用公共交通工具而不用私家车，或者将家中的燃油车换成混合动力车等。这些当然都很重要，但很多人恐怕无法想象这些个人行为与全球规模的问题之间有什么联系。这是因为问题的规模和个人行为的规模之间存在太大差距，从而产生了某种认知偏差，也就是不相匹配。

本书中所介绍的"转型城镇"，正是试图通过在个人和世界这两个层面之间增加"街区"这个中间层，从而在相互分离的两者之间架起桥梁。这里所说的"街区"不是指市政规划意义上的"街道"或者商店林立的"街区",而是指"地方社区"。世界这个层面的规模过于庞大,无法让人产生切实的感受。相比之下,人们会对社区更有感觉,同时社区也比个人层面更能让人想象其变化可能给国家和世界带来的影响。

本书主要介绍的是人口不足 1 万的小规模社区——藤野地区,以及十多年来我和同伴们在这里所开展的活动。然而,就是这么一个小小社区,这里发生的事,却对其他社区直接或间接地产生了不小的影响,不仅受到电视、报纸、杂志以及互联网媒体的关注,来此考察的个人和团体也在稳定增加。因此,我也常有机会在一些活动中介绍我们所做的事,几乎每次都能看到:一开始不以为然地端坐在那里的听众,随着我的讲述渐渐地产生兴趣,然后探出身子,不久,整个会场都振奋起来。在反复经历这种体验之后,我意识到,我们的故事里有给人带来力量的东西,于是我产生了向更多人讲述我们的故事的想法——这成了撰写本书的契机。与此同时,我也意识到,虽然我们还有很长的路要走,但这十多年里不断试错所取得的成果还是值得记录下来的——这也成了写作本书的动机之一。

基于上述原因，在写作本书时，我尽可能用讲故事的方式来叙述，但如果只是单纯地把发生的事情罗列出来，跟大家讲发生过这样或那样的事，那读起来肯定会很无聊，而且大家也无法领会我真正想表达的意思。因此，在将"我们做那样的事是出于什么想法以及为了什么目的"写出来之外，我也将那些眼睛看不见的"思考"一起写了出来，我希望读者朋友能从书中感受到这些"思考"。

包括序章在内，本书共有6章。藤野的活动分为"草创期""成长期""成熟期"3个阶段，分别通过第2章、第3章、第5章进行介绍。其中，我在第3章用了较大篇幅详细介绍了受媒体关注的主要活动。同时，作为这些内容的铺垫，我先在序章里讲述了自己的个人故事，介绍我是如何遇到转型城镇以及为什么想要开展这样的活动。在第1章中，作为总论，我介绍了什么是转型城镇。读者朋友可以根据自己的兴趣选择从任何一章开始阅读，但如果先读第1章，有了关于转型城镇的基础知识后再阅读其他几章，可能理解起来会更加容易。此外，在第4章中，我们会暂时离开"社区"这个层面，向大家介绍转型城镇在日本这个国家层面的发展情况，以及为了进一步推广，我们又开展了哪些活动。通过阅读这些内容，大家可以直观地了解，在各自社区开展这些活动将在国家乃至世界层面产生怎样的影响，同时也能了解转型城镇的活动是多么丰富多彩。最后，在第5章中，除了介绍成熟期的藤野所开展的活动外，我还介绍了我所整理的转型城镇的活动方针以及活动理念，并将之作为本书的总结，这也是转型城镇不仅在藤野，而且在全世界也受到很多人关注的最大原因。在介绍具体活动的时候，我用了大量的照片帮助大家想象这些活动的具体情形和画面。

现在，大家对本书的结构已经有了一定的了解，那么就请跟我一起走进故事中吧。请大家放松心情，就像真的在听故事那样，享受这个阅读的过程。

目　录

序章

日本转型城镇的缘起

遇见转型城镇

我第一次接触转型城镇是在 2007 年，距现在已有十多年了。我们一家人当时生活在位于英国北部苏格兰的生态村[1]——世界著名的芬德霍恩生态村[2]。接下来，我想先讲一下我们究竟为什么会住在这个地方，以及这和转型城镇之间有什么关系。

在搬到苏格兰之前，我在日本推广"客卿"（Coaching）——一种以帮助人们最大限度地发挥自身潜力为目的的沟通手法。我最早接触到客卿是在 30 岁出头去美国留学的时候，之后我在 2000 年创办了名为"日本 CTI 株式会社"的公司，主营业务是在日本教授我所学到的 CTI（Co-Active Training Institute，共创式教练培训学院）教练课程。很幸运，事业发展得还算顺利，但是在运营过程中，我心中产生了一个疑问。

---

1 生态村：经营着与自然和谐共处的可持续生活的小规模社区。

2 芬德霍恩（Findhorn）生态村：1962 年，由艾琳（Eileen）和皮特·卡迪（Peter Caddy）夫妇及其好友德罗西·马克林（Dorothy Maclean）在苏格兰北部建立的社区。这里原本是一个强调灵性追寻的社区，现在已成为世界最具代表性的生态村。

客卿一般在一对一的关系中进行，当然有时也会以团队为对象，但主要做的还是帮助眼前的对象充分发挥其潜能。事实上，我曾亲眼见证那些我帮助过的人通过客卿充分发挥自己的潜能，他们让我深切地感受到了客卿的魅力。然而，当我们将视线转向政治、经济、教育等各种社会系统时，我发现它们大多无法让参与其中的人们充分发挥自己的潜能。在这样的社会系统中，即便再怎么努力用客卿的方式激发人们的潜能，最终恐怕也会在某个地方碰壁吧？这个疑问在我脑中久久挥之不去。

不久，这个疑问就被另一个疑问替代，即"让人最大限度地发挥潜力的社会是怎样的社会？"。然而，对于当时的我而言，这个问题实在太大，我根本不知道该从何做起以及如何去做。有一天，当我不经意地翻看一直都很感兴趣的芬德霍恩生态村（我在美国留学时就从同学那里听说过它）的宣传册时，看到了"这次我们将举行为期一个月的'生态村研修'"的新闻以及相关介绍。如今我已经记不清上面的内容，只记得读着读着，就听到直觉告诉自己，这里可能会有解答刚才那个疑问的线索。我当时就想，有时间一定要去参加这个研修课程。

过了一段时间后，我因为种种原因离开了日本 CTI 株式会社。我该如何打发多出来的时间呢？我首先想到的就是去参加芬德霍恩的那个生态村研修。2004 年 2 月，我完成了为期一个月的课程。虽然当时也有各种感悟，但关于那个疑问却在我刚摸到一点儿线索的尾巴时，课程就结束了。于是，我下定决心搬去了芬德霍恩生态村，打算凭借那条线索的尾巴，寻找问题的答案，"什么样的社会能激发人的潜力？"就这样，从 2005 年 9 月起，我和家人开始了大约两年半的芬德霍恩生活。

在芬德霍恩生态村生活的人们，基本靠自己的力量去创造生活中所需要的食物和能源。此外，社群中还有自己的货币，用非常民主的方式进行自我管理。芬德霍恩不愧是世界上最具代表性的生态村，到访这里的人几乎都是来寻求"可持续生活"的，而我虽然对此也有很浓厚的兴趣，但最关心的仍然是"什么样的社会能激发人的潜力"。

我到芬德霍恩生活的第一感受是，生活在这里的人看上去比世界其他地方过着普通生活的人更有活力、更快乐。这是为什么呢？我不断思索原因，然后便发现了一个事实。那就是无论是食物、能源、经济，还是政治，凡是生存所需要的一切，都是大家靠自己的双手来创造和经营的，正是这种基于小规模系统的生活给予了他们极大的力量。相反，对于那些生活在所谓发达国家和大城市的人们而言，他们生存所需的全部都要依赖无法用双手真正触摸的庞大系统，生活在其中，自己的力量不知不觉就被剥夺了。我意识到，正是这种无力感阻碍了他们充分发挥自己的潜力。

这件事其实与客卿有共通之处。客卿的基本理念是"人已经有了自己需要的答案"，而客卿所做的就是帮助当事人，让其自己找到这个答案。这里的"答案"主要针对"我要如何生存"这个问题。生活在现代社会，人们往往以为这个答案不在自己这里，而在父母、专家、学校的老师或者公司的上司等外部人那里。我认为正是这个误解让人们产生了无力感。虽然不同于食物和能源，但两者极为相似的是，客卿要解决的是眼睛看不见的问题，这些问题源于生存上不可或缺的事物需要依赖外部供应，并且由此产生的无力感阻碍了人们最大限度地发挥自己的潜力。

以上这些，无论是像食物、能源那样眼睛看得见的，还是像答案那样眼睛看不见的，如果是因为必须依赖外部的人或系统来提供这些生存所需，从而导致无法充分发挥自己潜力的话，那么要想创造"能够激发潜力的社会"，首先要做的就是让这些东西重新掌握在人们自己手里。对于"答案"这样内在层面的问题，现在已经有客卿等方法去解决，那么关于食物、能源等外在层面的事物，我们要如何才能夺回主动权呢？这是我遇到的下一个问题。

对此，我首先想到的是在日本建立芬德霍恩这样的生态村。然而现实是，建立生态村需要一定面积的土地。日本本来就是国土面积狭小的国家，适合建立生态村的地方很少，就算运气好，找到了合适的地方，也还需要一大笔资金才能获得。不仅如此，就算筹措到资金，建设生态村还需要大量的人力和时间。即使是芬德霍恩，也是用了近60年的时间才发展到今天的样子，并且在我们投入精力建设生态村的时候，地球会继续变暖，气候危机也会日益严重。想到这里，

上：芬德霍恩生态村的主建筑"社区中心"。这里有供社区成员和客人进餐的大食堂。
下：本书作者在芬德霍恩生态村的有机农场"卡伦花园"（Cullerne Garden）劳动，每周他都会作为志愿者到这里劳作数次。

我顿感留给我们的时间不多了。虽然在芬德霍恩我似乎找到了困扰自己多年的难题的答案，但同时又在方式方法上遇到了阻碍。

就是在这个节骨眼上，我遇到了转型城镇。关于什么是转型城镇，我将在第 2 章进行详细说明。我之所以在它身上看到希望，是因为它提倡的不是去一个新的地方从零开始建立什么，而是在已经有人生活的地区寻找伙伴，并与这些伙伴一起，从能做的事开始，循序渐进地建设一个可持续的地区。我感到这种途径是一种更为现实的方法，可以帮助我们重新夺回那些原本属于我们自己但已拱手让给庞大系统的力量，进而使我能够凭借这份力量建设一个可以激发潜力的社群。

转型城镇的诞生

我将为大家介绍一下"转型城镇"这个运动是如何开始的。2005 年，在英国南部德文郡人口只有 8000 人左右的小镇托特尼斯，罗伯·霍普金斯（Rob Hopkins）和伙伴们发起了名为"转型城镇"的市民运动。

芬德霍恩

托特尼斯

　　罗伯原本在爱尔兰南部一个名叫金赛尔（Kinsale）的小镇当大学老师，在那里教授朴门永续设计 [1]——一个创造可持续生活的设计体系，在了解到全球石油产量即将达到峰值

---

1 朴门永续设计（Permaculture）：澳大利亚人比尔·莫里森和大卫·霍姆格林构建的设计体系，目的是营造对人类而言永久且可持续的环境。Permaculture 由 permanent（永久）和 agriculture（农业）组成，同时，也是 permanent（永久）和 culture（文化）的结合。

转型城镇的倡导者罗伯·霍普金斯。他曾在大学里教授朴门永续设计，在知晓有关石油危机的问题后，他萌发了活动灵感。

（石油峰值[1]）后，他和学生们组建了一个项目，试图用朴门的理念来寻找解决方案。他们撰写的题为《金赛尔能源缩减行动计划》（*Kinsale Energy Descent Action Plan*）的成果报告被登载到学校的网站上，意外地引起了全世界的关注。

---

1 石油峰值（Peak Oil）：世界石油产量达到峰值的时间点，过了这个点，石油产量将开始下降。

然而，不久之后，罗伯家不幸发生火灾，整栋房屋被烧毁，他们也因此被迫搬到了托特尼斯。随后，罗伯很快决定在这个新地方将转型城镇这个源自"金赛尔能源缩减行动计划"的想法付诸实践。活动从2005年开始，2006年9月正式对外公布，紧接着他们在2007年建立了名为"转型网络"的团体，早早地为进一步扩大转型城镇活动建立了支持体系。这时，不只在英国，海外也逐渐开始关注转型城镇。

诞生于托特尼斯的转型城镇，在之后短短的十多年里，在全球发展到包括日本在内的40多个国家，1200多个地区。据说，这个数字还只包括在转型网络正式注册的地区，如果算上其他所谓"擅自"开展活动的地区，数量恐怕要多不止10倍。这是因为他们原本就没把注册作为开展转型城镇活动的条件；相反，他们还会鼓励大家自行开展活动。

在世界上为数不多的市民运动中，转型城镇这样快速发展壮大的运动算是一个例外，我认为最大原因在于其独特的活动方针和活动理念。这一点我将在第5章作为本书的总结进行介绍。当然，整本书都饱含它的精华，随着阅读的深入，相信读者一定能感受到这一点。序章的目的是介绍历史，所以我还要讲一下转型城镇是如何来到日本的。

日本转型城镇成立之前

我第一次听罗伯演讲是在 2007 年 11 月伦敦举办的题为"成为变化"（Be the Change）的研讨会上。在那之前我已好几次听说转型城镇的事迹，对它有点好奇，所以在众多演讲者中我尤为期待听到罗伯的演讲。

站在讲坛上的罗伯比我想象中还要年轻，他高高瘦瘦的，看上去是一个充满幽默感的正直青年。虽然他的演讲可能连 30 分钟都不到，但却深深地吸引了我，"这正是我要找的东西！"。我当时心中充斥着无法抑制的兴奋感，至今难忘。

2008 年 1 月，我有一次短暂回国的机会，在日本见到了过去曾一起学习朴门实践课程的山田贵宏、吉田俊郎和归山宁子三位伙伴。我向他们介绍了转型城镇，不出所料，大家都表现出浓厚的兴趣。之所以说"不出所料"，是因为我先前也提到过，转型城镇是以朴门理念为基础的，所以我预感学过朴门的这些伙伴一定会对转型城镇感兴趣。当我告诉他们 3 月份芬德霍恩要举办"正能量大会"（Positive Energy Conference），到时候罗伯先生会来讲转型城镇的故事时，他

2008 年 3 月，在芬德霍恩生态村举办的"正能量大会"上的合影。左起为山田贵宏、本书作者（榎本英刚）、吉田俊郎，跳过一人，最右为归山宁子。

们三人当即决定去芬德霍恩参加这次大会。

　　终于，到了 3 月，他们千里迢迢从日本来到芬德霍恩，亲耳聆听罗伯先生的演讲。和我一样，他们也深受启发，大家很兴奋，说一定要在日本实践转型城镇。恰好当时我已决定于同年 6 月结束芬德霍恩的生活返回日本，所以我们决定于那个时候在日本发起转型城镇活动。

第 1 章

什么是转型城镇？

为了让大家一开始就能了解什么是转型城镇，我将在本章介绍它的核心观念。比起后面的章节，本章内容可能略显枯燥，但因为是本书的基础，如果不先解释清楚的话，很可能在阅读后面的故事时，理不清它们的脉络，因此还请大家耐心阅读。（当然，如果您特别希望先了解我们在日本是如何发起和开展这项活动的，也可以跳过本章，先看后面的内容，然后再回来。）

转型城镇的含义

首先，我想说明一下"转型城镇"（transition town）中"转型"（transition）这个词的意思。这个词在英语里的意思是"变迁""过渡"，是一个名词，通常指人生或职业生涯的过渡期。此外，还有一种比较少见的用法，可以通过它的动词形式来表示，意为"转换""过渡"。在我看来，所谓的"转型城镇"应该是动词的意思，后面跟着"town"，也就是"城镇"，连在一起就是"让城镇转变到下一个类型"。这里的"转变"，是指从一个状态变化到另一个状态，而这种变化通常是缓慢的，并且带有一定意图。也就是说，"转型城镇"包含了"基于一定目的，慢慢让城镇发生转变"的意思。

在这里，重要的是"谁"（主体）以及"为什么"（目的）要实现城镇的转变。我们先来看看"为什么"。在讨论这个话题之前，我们要先解释这里所说的"转变"究竟是指从"什么"向"什么"转变。转型城镇想要实现的转变，简单来说，就是从"不可持续的社区"向"可持续的社区"转变。在这里，不可持续的社区是指"居民在生活上所需要的食物、能源等资源大部分需要依靠外部供给的社区"，与之相反，可持续的社区是指"大部分生活所需都能依靠当地资源解决的社区"。

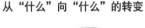

从"什么"向"什么"的转变

不可持续的社区　　　　　　　　可持续的社区

"社区"（Community）一词原本指的是"共享生活必要资源的人们"，但如今受全球化的影响，资源在全世界流动，它的界限也开始变得模糊。现在人们说到"社区"，一般指的是村、镇、区或市等行政区域。如果从"同一个法律制度下运营的行政区域"这个意义上讲，国家也可以看作一个"社区"。那么按照刚才所说的定义，日本应该属于"不可持续的社区"吧。众所周知，日本的粮食自给率只有40%，能源自给率甚至不到10%。也就是说，人们生活所需的物资大部分都要依靠进口就是日本的现状。这绝不是可持续的状态。

其次，可持续与否并不只看自给率。最容易理解的就是能源。日本从国外进口的能源中，大部分都是石油和天然气等石化燃料，这些资源都是"有限"的，总有一天会用完。序章中提到的石油峰值就向我们指出了这个问题。从字面上看，"有限"即不可持续的意思。

不仅如此，大家都知道化石燃料的碳排放是全球变暖的主要原因，而全球变暖威胁着人类的生存，是"有害"的。此外，化石燃料还被广泛运用在粮食、服装、建材等几乎所有产品的生产和运输上，我们对它的依赖程度已经到了化石燃料一旦用尽，正常的生活也将无法维持的地步。也就是说，化石燃料既是有限的，也是有害的。特别是对日本而言，过度依赖那些无法自给的资源，无论从哪个角度看都是不可持续的。

这一点从地区层面看，也是完全相同的情况。如果某个地区的居民需要日常性地从其他地区获得生活必要资源，那么这就绝不是可持续的社区。因此，我们需要意识到我们今天生活中的许多社区都处于不可持续的状态，只有具有这样的觉察，我们才会有动力去努力让它变得可持续。

市民主导的活动

在转型城镇的活动中，和"为什么要转型"（目的）同样重要的是"谁是转型的主体"。答案是居住在该地区的市民。转型城镇有时会在"社区建设"的话题中被提到，但它不是我们在社区建设中经常看到的那种由行政部门主导的活动。借用美国总统林肯的一句名言，转型城镇必须是"（市）民有、（市）民治、（市）民享"的活动。

当然，这并不意味着什么事都要交给市民自己来做。就像之后我们要详细介绍的那样，在转型城镇的活动中，人们非常重视"建立联结"。为了让社区变得更可持续，除了行政部门，我们还要尽可能地联合工商协会等经济团体、其他扎根当地开展活动的非营利团体，以及包括学校在内的教育团体和福利领域的团体，与他们相互合作、开展活动。这些团体原本不太关心其他领域的事，相互之间的合作也很少，但让地区变得更可持续是一个跨领域的课题，所以转型城镇这样的活动可以发挥媒介的作用，促进团体间的合作。

市民主导的活动说起来容易，做起来就会发现，这当中还存在一个对于转型城镇这类活动而言最大的难题——所谓"市民缺席"的现象。我感到生活在当代资本主义社会中的人们，大部分都是作为"劳动者"获得报酬，然后又作为"消费者"用挣来的钱购买物资和服务。这意味着他们可能称不上成熟的"市民"。仅仅把自己的户籍放在某个地区，交税、接受公共服务或者偶尔参加选举投票，并不足以称自己为市民。究竟是什么让市民成为市民？那就是对于自己所居住的地区有当事人意识。有当事人意识并不是指单纯地关心该地区发生的事，而是指如果那里发生了自己不希望发生的情况，会主动开展行动，会推动事情往自己希望的方向发展。我认为只有具有"当事人意识"并"自发地行动"去解决问题的人，才算得上是真正的市民。

从这个意义上说，转型城镇正是让该地区的居民，从单纯的劳动者和消费者转型为真正的市民的活动。因此，重要的是活动一开始不要只针对上述市民意识较强的人，而是提供机会，让人们在参加活动的过程中逐步提高自己的市民意识。

转型城镇的三个关键词

如何让市民成为主体，让不可持续的社区实现向可持续的社区转型呢？为了解释什么是转型城镇，我们必须提到三个关键词，即"摆脱依赖""韧性""创造力"。我将在下文依次进行说明。

转型城镇的三个关键词

摆脱依赖　　韧性　　创造力

● 摆脱依赖

"摆脱依赖"其实就是字面上的意思，如果要具体说明的话，就是本章开头所说的从"该地区居民在生活上不可或缺的事物需要依赖外部供应"的状况中走出来。换言之，除了资源应尽可能在本地获得之外，还要做到让它们逐渐在该地区内形成循环。

其实，这样的运动在转型城镇出现之前便已出现在世界各地，一般被称为"回归当地"（relocalization）。原本在地方社会中，人们生活所需的资源是在有限的区域内循环的，但在全球化之后，资源开始在全球范围内循环，从而造成了能源消费过度增加等各种负面影响。为了减少这些影响，人们开展"回归当地"运动，让资源再次在特定区域内循环起来。

除了能源的过度消耗外，全球化带来的负面影响还有"关系的淡化"。资源越是以世界规模进行循环，生产者和消费者之间的距离就越远，进而造成两者关系的淡化。在以前区域循环型的地方社会中，像"这棵蔬菜是隔壁阿婆种的"那样，知道菜是谁种的、怎么种的，又是怎样运到这里来的，来历很清楚，能放心吃。然而，在现代全球化的社会中，我们不知道这些菜是在哪里、由什么人、用何种方式种出来的，甚至有时是从地球的另一面使用大量的燃料和防腐剂运到这里的。为了纠正这种生产者和消费者过度分离的状态，"回归当地"运动出现了，其目的是让生活回到与我们自身相匹配的规模。如果生活所需资源超出了人自身的规模，任其循环扩大至世界范围，使消费者越来越远离生产者的话，就会造成依赖。因此，为了摆脱依赖，我们需要在思想上转变，让自己需要的资源不再从其他地区获取，而是充分利用自己居住地区的已有资源。

● 韧性

第二个关键词是"韧性"。这个词源于生物学、生态学用语，意思是再生能力、恢复能力。在转型城镇的范畴中讲到的韧性，指的是能够灵活应对像雷曼兄弟事件那样的经济危机、日本"3·11"地震那样的灾害或者新型冠状病毒的大范围传播等不可预测的变化，在变化发生的时候不被这些变化牵着鼻子走的能力。用一个词来形容的话，我觉得日语中"底力"（韧性的意思）这个词应该是最恰当的。

韧性有各种层面和种类。首先，从层面上说，有个人层面、家庭层面、地区层面、组织层面、国家层面等集团层面的韧性。从种类上说，有经济上的韧性、社会上的韧性、环境上的韧性以及精神和肉体上的韧性。转型城镇中所说的韧性，主要是指提高地区层面的各种韧性。

前文中，我在说明转型城镇是市民主导的活动时，曾提到"建立联结"是活动的重点之一，这在提高韧性上同样也很重要。转型城镇的灵感源于朴门永续设计，非常重视在已有的资源之间建立有机的联结。这和重视地区层面的转型城镇活动是一个道理。在全球化社会中，地区内的资源处于前所未有的分离状态，因此如果通过有意义的方式将它们重新联结起来，也会有助于提高该地区的韧性。

此外，在转型城镇的活动中，比起"提高可持续性"，使用更多的是"提高韧性"这种说法。这是因为，如果地区的韧性得到了提高，可持续性也会随之提高，所以"提高韧性"这个目标看起来似乎更为具体。目前，在国土规划和企业人才培养等领域也经常用到"韧性"这个词，我预感"韧性"将超越转型城镇的范畴，成为今后时代的一个关键词。

● 创造力

最后，我们来看第三个关键词——创造力。我想问问读者朋友：当今世界最丰富却利用得最少的可再生能源是什么？每次我提出这个问题，大家通常回答的都是太阳能和风能，但我认为答案应该是人类所拥有的创造力。

人类的创造力是用之不竭的，也就是可再生的。不仅如此，相反，它还有越用越多的特点。而且，现在地球上居住着70多亿人，如果这些人都能充分发挥自己的创造力，不难想象会发生怎样惊人的事情。然而现实是，目前的社会环境还远未达到人人都能发挥创造力的理想状况，这些能量仍被埋藏在那里，无法得到充分利用。日语里有一个很妙的单词叫"もったいない"（中文含义：可惜了）。有那么多用之不竭的优质资源，却不去充分利用，这不由让人感叹"もったいない"。

开展转型城镇活动，重要的是最大限度地活用当地既有资源。在这些资源中，我认为最重要的就是每个市民所拥有的创造力。因此，可以说活动成功与否，关键就在于能否唤醒沉睡在每个市民体内的创造力。

转型城镇的定义

如果用我们刚才介绍的三个关键词来定义转型城镇，那就是"当地市民通过最大限度地发挥自身的创造力，提高地区的韧性，摆脱对不可持续系统依赖的实践性倡议活动"。

什么是转型城镇？

> 倡导市民通过最大限度地发挥自身创造力，提高地区的韧性，对不可持续系统摆脱依赖的实践性倡议活动。

关于定义中最后的"实践性倡议活动"，我想再做一些补充说明。这里所说的"倡议活动"是指"转型城镇"不是"反对活动"。当然，对于你认为不对的事情提出异议也是非常重要的，但是我认为，如果要对什么说"不"的话，同时也要明确提出怎样做才"对"，也就是要提出替代方案。只是说"不"，世界是不会改变的。同时，因为社会上已经有各种致力于"说不"的反对活动，所以转型城镇的活动打算把精力放在"说对"上，也就是提出替代方案。并且，不仅仅是口头建议，更需要通过自己的实践，努力让人们看到，这些建议如果用具体的形式表现出来会是什么样。这就是"实践性倡议活动"的含义，也可以说是转型城镇的一大特征。

话说回来，第一次听到"转型城镇"这个词的时候，人们可能会以为是"已经在实践可持续生活的社区"。就像前文介绍的，转型城镇指的是以建设这样的社区为目标的"活动"，以及开展相关活动的"地区"。这个词具有"正在转型"或者"在不断转型"等正在进行时的意思，而没有"已经完成转型"的完成时的意思。

转型的 12 个步骤

转型城镇的活动具体做些什么呢？最早在英国发起这个活动的罗伯·霍普金斯曾在他的《转型手册》（*The Transition Handbook*）中介绍了"转型的 12 个步骤"，即按怎样的顺序来开展活动。然而实际情况是，事情很多时候不是按照这个顺序发展的，并且也不是非要按照这个顺序进行不可，所以现在已经不再用这样的说法了。由于这 12 个步骤能很好地帮助我们了解转型城镇具体是怎样的活动并把握其概要，所以我还是想在这里介绍一下。

● 步骤 1：建立核心小组

当你想在自己所居住的地区开展转型城镇的活动时，最开始要做的就是与赞同其主旨并与你有相同志向的人一起建立核心小组。这里的"核心"是"中心""中核"的意思。小组的人数并没有一个明确的标准，但从我们的经验来看，几个人到十个人是比较合适的规模。

核心小组的作用是在接下来要介绍的步骤 2 至步骤 5 之间的那段时期，为活动把握方向。这段时期属于活动的初期阶段，因此核心小组的角色是在当地开展转型城镇活动的基础，为以后的活动开辟道路，并推动活动的发展。

有趣的是，《转型手册》建议大家在活动进入步骤 5 后，暂时解散核心小组。理由是：如果一直由相同的成员负责活动，成员容易紧抓自己的角色不放，或者因负担过重而疲惫不堪，或者使活动失去持久的创造力，仅靠惰性在维持等问题。因此，解散是为了避免陷入这些困境，换言之，就是通过成员的新陈代谢来保证活动本身的可持续性。

● 步骤 2：提高问题意识

为了能让当地人理解为什么要开展转型城镇这样的活动，有必要让更多人了解活动的背景，也就是我们看到的问题。这可以从气候变化和石油峰值等全球问题切入，也可以反过来从地区性问题入手，比如地区失去韧性变成不可持续的社区会给我们的生活带来怎样的影响。

这里要注意，不要把问题强加给他人。这是什么意思呢？比如用一些话来威胁他人，"如果不尽快解决问题，就会有大麻烦了！"这样做是迫使人们出于恐惧而行动。事实上，很多市民运动都采用了这样的做法，然而这种做法往往适得其反，导致人们堵上耳朵，不愿去深入了解问题。我们应该做的是如实将正在发生的事情告诉人们，不添油加醋，然后问大家，对于这样的事实，心里是怎么想的，有什么感受。这样的姿态非常重要。

具体的做法可以是举办相关问题的电影放映会，或者邀请相关问题的专家来演讲。这时，重要的是在电影或演讲的前后安排一些环节，让聚在一起的人们相互自我介绍，分享参加活动的感受。这样做不仅能让来自同一个地区的人们建立新的联结，同时还能了解参会者对活动中谈到的问题有怎样的感受。这当中有些人可能是第一次听说自己生活的地区存在什么问题，并为之震惊。将这种心情坦诚地与人分享不仅会产生情感上的联结，可能还会因为知道自己不必一个人去面对这些问题而感到安心。

像这样，在同一个地区，当具有问题意识的人越来越多，并且他们之间也建立起了联结的话，在那里开展转型城镇活动的基础也就渐渐地建立起来了。

• 步骤 3：联合当地相关团体

和步骤 2 中提到的"提高问题意识"一样，步骤 3 对于建立开展转型城镇活动的基础也是必不可少的。在步骤 2 中我们提到，建立市民之间的联结非常重要，那么现在这个步骤可以看作它的"团体版"，这两个步骤可以同时进行。

每个地区都有各种各样的团体，比如地方自治体等政府部门的团体、工商协会等商业团体、社会福利协议会等福利相关团体、学校等教育团体等非营利的市民团体等，虽然分属不同领域，但本质上这些团体都是为了让地区变得更好而开展活动的，其中有些团体所开展的活动还可能会和转型城镇的活动有交集。然而这些团体相互间往往没有联结，表面上的信息往来当然可能会有，但可以说，明确认识到要相互合作，并因此有意识地建立联结的情况非常少见。

对于转型城镇而言，比起像那些团体一样只专注于开展自己的活动，我们更愿意把精力放在建立各团体间的关系上，通过发挥"催化剂"的作用，像一根线那样将各团体的活动串起来。这样一来，同一地区开展活动的团体相互间的联结越多，该地区的韧性也就越高。这一点也适用于市民间的关系。

● 步骤 4：举办发布会

在经过前面 3 个步骤后，该地区已经具备了正式开展转型城镇活动的气势。从某种意义上讲，在此之前都是正式活动前的准备阶段，无论是气候变化这样的问题，还是转型城镇这个活动，最开始只有核心小组的人知道，但到了现在这个阶段，知道并关心这些问题的人应该已经大大增多了。

接下来，为了让更多的人知道并参加转型城镇的活动，有些地区会在时机成熟的时候举办盛大的活动来发布消息。具体来说，就是以可能性而非问题为焦点举办活动，邀请之前参加过放映会或演讲会的人、建立了联系的团体，乃至该地区具有影响力的人物来参加。活动中，希望大家运用后文中将介绍的"开放空间"等方法鼓励更多人对各种问题发表意见，比如正式启动转型城镇活动后，究竟有哪些事可以做，希望实现什么目标，想要创建怎样的社区等。

我们把这个发布会称为"全面释放"（The Great Unleashing），"unleash"的意思是"解放，释放"，因为在经历了之前的准备阶段后，该地区的人们充满了"想要做点什么"的能量。如果发布会能让这种能量一下子释放出来为之后的步骤造势，那么活动就会越办越好。

• 步骤 5：建立工作小组

"建设可持续地区"简单一句话，却有许多需要考虑的主题。首先是能源、粮食，其次是经济、医疗、福利、防灾、治安、教育、行政、观光、交通、环境保护、居所、水、艺术、心灵、精神……几乎所有与生活相关的主题都是其对象。这些主题要让所有人一个不落地都参与进来,既不现实也没有效率。

为此,在转型城镇的活动中,建议大家在开完发布会、进入正式活动阶段时,为每个主题建立一个"工作小组",让大家选择自己感兴趣的主题参加,然后以小组为单位,定期开会沟通具体要开展什么样的活动。

当形成了一定数量的工作小组并且活动也开始走上正轨后,在步骤1中建立起来的核心小组的使命就算完成了,可以就此解散,然后建立新的核心小组。每个工作小组派1~2名代表加入新的核心小组,由这些成员重新开始举办定期会议。会议的频率不用像工作小组的例会那样频繁,内容可以是分享各工作小组的活动信息,摸索合作方式,一起商量所有与这个地区开展转型城镇活动相关的话题。如果各工作小组独立开展活动,也不共享信息,那就和其他一般团体没什么差别了,所以如何让大家保持相互联系在这里就显得尤为重要了。

● **步骤6:活用"开放空间"**

"开放空间"是美国组织发展顾问哈里森·欧文开发的

会议方式，正式的名称是"开放空间引导技术"（Open Space Technology）。这个方式的优势是，即便参会人数再多，也能保证每一位参加者都有机会主动表达自己的想法和建议。

相比之下，我们通常看到的会议都是只有少数人在发言，大部分人被动地听，人数规模越大，这种倾向越显著。但转型城镇十分注重让参与者自发、自主地参与活动，因此开放空间正是最佳的会议工具，无论有多少人参加集会，这个方式能让每位参与者都有自由发言的机会，并且实际感受到自己在参与这个过程。

开放空间的另一个优点是让大家通过自发讨论，促使具体的行动产生。因此，组织者在举办发布会、形成工作小组的过程中，可以充分利用开放空间这个方式，更好地激发当地人潜在的行动力。

● **步骤 7：创造看得见的案例**

工作小组的主要活动是创造与各自主题相关且看得见的案例，让人们重新学习基本技能。按照顺序，前者是步骤 7，后者是步骤 8，某种意义上，这两个步骤可以说是转型城镇的"主战场"。

正如本章介绍过的转型城镇的定义，这个活动的目标是成为"实践性倡议活动"，所以重要的是用眼睛看得见的具体形式告诉人们："这样做的话，社区不就能变得更可持续吗？"如果目标只是停留在口头上而没有看得见的实例，人们就很难想象，也就没有说服力。一旦看到了实例，人们就能立即明白"原来就是这个意思啊！"便会更加积极地参与转型城镇的活动。

● 步骤 8：基本技能的再学习

为了实现向可持续生活的转型，你需要掌握自己所不具备的技能和技术。举一个简单的例子，你可以学习食物种植技术，而且是在不使用杀虫剂或化肥的情况下，种植安全、美味的食物。从这个例子可以看出，这里需要的技能和技术大多不是什么新生事物，而是过去就有的、最基本的东西，但在当今以便利为导向的生活方式中，许多人已经失去了这些技能。我们将之称为"再学习"，意思是重新掌握已经失去的基本技能。

当然，你有时候也会需要去学习像制造太阳能发电系统那样之前没有的新技能。我们并不是让大家完全回到过去的生活，我认为那些有助于实现可持续生活转型的新技术和新技能就应该被积极利用。最近，据说有人把新技术中具有可持续性的那些称为"适用技术"，以区别那些不具有这种特性的技术。

此外，并不需要所有住在这个地区的人都学会这些技术。各个工作小组学习与自己所选择的主题相关的技能，或者以再学习为目的举办培训班或工作坊，吸引有兴趣掌握这些技术的人主动参加，这才是最理想的状态。

• 步骤 9：与当地政府建立关系

在步骤 3 中，我们提到要与当地的相关团体建立联结，其中建立与政府的关系尤为重要。大部分情况下，最为广泛且全面掌握当地情况的是政府部门，与其他各种团体拥有较为密切关系的也是政府部门。

然而，出于某些原因，在日本，人们觉得政府"门槛"高，很多人不愿与政府积极地打交道。实际上，这几年因为税收减少，许多工作项目政府无力独自完成，也在寻求与广大市民的合作。只要我们主动联系，政府一般都会乐意听取我们的意见，有时候还会分享一些补贴或资助的信息。

我们需要在这个阶段加强和政府部门联系的另一个原因在于，建立和实施"削减能源消费行动计划"需要整个地区的配合，其中与政府部门的合作更是必不可少的。关于这个计划，我们将在最后一个步骤中介绍。

• 步骤 10：重视老年人

现代文明中，新事物往往被认为更有价值，而老旧事物常会受到轻视。当然，也正因为人类永不知足地渴望进步，我们的文明已经发展到，别说 1000 年前，甚至 100 年前的人类也无法想象的程度。尤其是生活在所谓发达国家的人们，迄今为止已经享受了诸多福利。然而，若问和 100 年前相比，我们现在的生活是否变得更有韧性，答案却未必是肯定的。

这和步骤 8 中讲到的"基本技能的再学习"也有关联，如果希望生活更有韧性，我们就有必要重新认识那些在过去是理所当然，如今却有大部分正在逐渐消失的智慧和技能。若问哪些人拥有这些智慧和技能？答案则是老年人。这里的"重视老年人"不是简单的社会道德口号，而是因为他们拥有提高生活韧性的智慧和技能。我们需要请教他们，并请求他们的帮助。

• 步骤 11：顺势而为

我们刚才已经提到，转型城镇的活动是通过解放当地居民内在的创造力，建设更可持续、更有韧性的社区的过程。因此，虽然有着共同的目的和方向，但是究竟具体会发起哪些活动，这些活动又将如何展开，都是无法预测的。

这个"不可预测性"是转型城镇活动的一大优势，也是魅力。然而问题是，人们总是想预知未来，并且想按预知来控制事物的发展。尤其是当你成为核心小组的成员，处于靠近活动中心的位置时，这种想法很可能会变得更为强烈。因此，能否放下控制欲放手不去控制才是活动成败的关键。反过来说，重要的是在明确活动方向并打好基础之后顺势而为，让一切顺其自然地发展。

• 步骤 12：制订削减能源消费行动计划

步骤 12 是制订削减能源消费行动计划，这是展示该地区要如何向可持续且高韧性的状态转型的路线图，除了能源，还包括食物、医疗、福利、防灾、交通、经济、教育等各种领域。将之称作"削减能源消费"是因为能源几乎涉及所有领域，并不是非叫这个名称不可。

很多人会认为，像这样的行动计划通常应该在活动初期制订。那为什么我们要放在最后呢？这是因为在转型城镇的活动中，比起"制订什么样的计划"，我们更重视"如何制订计划"，也就是制订计划的过程。我们经常看到，在尚未开始任何实践的阶段，少数几个人仅凭想象就开始纸上谈兵式地制订计划，这样的计划是没有生命力的。这样制订出来的计划最终遭遇所谓"计划破产"的可能性会更高。

为了让计划获得生命力，我们首先要尽可能地让更多人参与到制订计划的过程中来。通过实践之前介绍的 11 个步骤，这些人不仅能加强彼此的联结，还能感受活动的反响，这些都是重要的条件。此外，在实际开展活动的过程中，根据发展方向制订计划会更契合当地的实际情况。

最终，这个行动计划在当地会议上得到认可后，比起单独管理这个地区，更为理想的是将其融入一个更大的整体计划中。即使做不到，这也是诞生于人们心中的有生命力的行动计划，绝不会在计划阶段就失败。

就此，12 个步骤告一段落，但这并不意味着转型城镇的活动也结束了，相反，正片才刚刚拉开序幕。

就像本章开头所说的，这 12 个步骤并不是必须遵守的规

转型的 12 个步骤

1	建立核心小组
2	提高问题意识
3	联合当地相关团体
4	举办发布会
5	建立工作小组
6	活用"开放空间"
7	创造看得见的案例
8	基本技能的再学习
9	与当地政府建立关系
10	重视老年人
11	顺势而为
12	制订削减能源消费行动计划

则，也不是定律，并非只要这样做就一定能成功。事实上，只有极少数地区走到了"制订削减能源消费行动计划"这一步。因此，我在这里只是将其作为活动参考介绍给大家，实施的时候要根据当地的实际情况以及活动的实际状况进行调整，至于"要不要做"以及"在什么样的时机做"需要大家自行选择和取舍。我认为更关键的是，只要你有想法，就去尝试召集当地的伙伴，从自己感兴趣的事情做起。

转型的"3H"

我想在本章结尾介绍一下，在解释转型城镇时不可缺少的概念"3H"。

"3H"是"Head"（头脑）、"Heart"（心）、"Hands"（手）三个词的首字母，意思是我们在开展转型城镇的活动时，要经常意识到这三个要素。为了让活动本身可持续，使之不断地产生成果，在使用头脑、心和身体（Hands 在这里指的不只是手，还是整个身体）时要注意保持平衡。

比方说，如果只用"头脑"，虽然会产生很多想法，但如果每个人都执着于自己的想法而不去相互靠近的话，结果很可能什么也无法实现。如果只用"心"的话，过于重视与他人的关系，就可能变得不敢去冒险提出反对意见或者下决心采取行动，仅仅成为一个好友俱乐部。而如果只使用"身体"，大家则很可能无法对目的（究竟为什么要做）达成共识，所做的往往就是一些零散的、缺乏方向性和连贯性的活动。

然而，人们对于这三个要素会有自己的喜好，并且具有相同喜好的人比较容易聚到一起。因此，在开展转型城镇活动时，想要在这三个要素上取得平衡的话，要有意识地去邀请那些和自己喜好不同的人，也就是要注重多样性。

多样性不仅要体现在一起开展活动的成员上，在决定具体开展什么样的活动时，我们也需要考虑到多样性。比如前文介绍的 12 个步骤中，既有"提高问题意识""制订削减能

转型的 3H

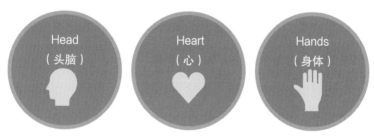

源消费行动计划"等制订计划、学习新东西那种较多使用"头脑"的活动，也有"举办发布会""活用'开放空间'"等相互交流想法、建立联结那种更多使用"心"的活动，还有"创造看得见的案例""基本技能的再学习"等活动身体、实践创造类的更多使用"身体"的活动。像这样，如果活动丰富多样的话，就能让更多样的人参与进来，成为高度包容的活动。

第 **2** 章

转型藤野的成立

第 1 章中，我简单地介绍了什么是转型城镇。在第 2 章、第 3 章和第 5 章中，我将具体介绍转型城镇活动是如何在我所居住的神奈川县藤野这个地方开展的。本章，我想先介绍转型藤野是如何成立，又如何出发的，也就是在"草创期"开展了哪些活动。

关于藤野这个地方

我首先介绍一下藤野是一个什么样的地方。如 47 页图片所示，藤野位于东西跨度较大的神奈川县的西北端，是一个人口约 8500 人的小镇。它与山梨县相交，旁边有神奈川县最大的水库相模湖，是一个充满了浓郁的里山风情的小镇。藤野在"平成大合并"时，被并入相模原市，虽然"藤野町"这个地名随着该市在 2010 年 4 月成为法令指定的城市后，令人遗憾地消失了，但当地人仍然亲切地称自己的小镇为"藤野"。令人意外的是，它离东京市中心很近，乘坐中央线和中央本线电车只需一个多小时的车程，开车走首都高速 4 号线和中央高速也只要一个小时左右。

当人们乘坐 JR 中央本线或在中央高速公路往山梨方向行驶时，在经过相模湖之后，可以在左侧的山上看到本书第48 页所展示的那封大大的情书，那是被视为藤野象征的艺术作品"绿情书"。藤野以"艺术小镇"为人们所知，有许多艺术家在这里生活。当你在镇上漫步时，随处都能看到各种艺术作品。藤野成为艺术小镇的最大契机是在 30 年前，政府和民间一起，以"故乡艺术村计划"为名共同开展了艺术为主题的地区建设。艺术家通常都很有创造力，喜欢新鲜事物，通过积极欢迎这样的人迁入，藤野孕育出了一种独特的文化。

为什么选择藤野

就像序章里介绍的那样，我在 2008 年 6 月结束了为期两年半的英国芬德霍恩生态村生活后回到日本，于同年 8 月搬到藤野并发起了我在旅居英国期间了解的转型城镇活动。

经常有人问我为什么选择藤野，我想大约有三个契机。我第一次到访藤野是在 1997 年的夏天。我在那里举办了"天职创造讲座"。这个以职业为主题、以工作坊为形式的讲座，是我留美时边学习客卿边自己开发的课程。

在那以前，我都是在东京市内的培训场所举办讲座，这样可以当天结束并返回住处。后来，一位从事户外教育相关工作的学员建议"这样的讲座适合在自然环境中举办并且安排大家在那里住一晚"。他还介绍了一所名为"无形之家"的藤野老房子给我。当时，我对藤野的第一印象是惊叹，"在离东京不远处，居然还有这样充满里山风情的地方！"但当时做梦也没有想到，大约十年之后，我居然会搬到那里生活。

藤野的象征：绿情书。在以"艺术小镇"闻名的藤野，除了绿情书，还可以看到很多与自然环境相得益彰的艺术作品。

第二个契机是 2004 年春天，我刚结束芬德霍恩生态村的培训回到日本。因为想要深入学习在培训中体验到的朴门永续农业设计，我来到位于藤野的"日本朴门永续设计中心"（PCCJ），参加了为期大约一年的实践课程。那时我每月来藤野一次，每次都要在这里过夜。在这过程中，我越来越喜欢藤野这个地方。

然而，最终促使我决定将新生活的据点放在藤野的关键原因是，替代教育中非常著名的华德福学校[1]在我 2005 年移居英国时，从东京的三鹰迁到了藤野。我有一个女儿，在她出生前我就曾计划让她接受华德福教育。理由是我认为华德福教育的理念——教育的目的是培养自己寻找答案的能力，和我所从事的客卿的观点非常接近。当我得知华德福学校已经迁到藤野时，我便决定搬来这里。

上：藤野的景观。距离东京仅一个多小时电车车程就能到达的充满里山风情的小镇，春秋两季常有众多徒步游客前来探访此地。
下：藤野佐野地区的茶田。一片片沿着山体铺开的茶田是入选"日本之乡 100 选"的著名景点。

---

1 华德福学校：实践 20 世纪初奥地利哲学家和神秘思想家鲁道夫·斯坦纳创建的华德福教育的小中高一贯制学校。藤野的华德福学校的正式名称是"学校法人华德福学园"。

转型藤野的起步

搬到藤野后，我最先开始做的是寻找一起开展活动的伙伴。幸运的是，在我搬来藤野前结识的同是朴门毕业生的小林一纪和小林惠里奈夫妇，对活动的主旨非常赞同，并表示愿意提供帮助。

小林夫妇几年前就已搬到藤野生活，对当地的情况较为熟悉，所以我一开始便请他们介绍了几位在当地有一定影响力的人物，并一一前去拜访。这么做主要是因为我之前只在日本的"城市"生活过，这是第一次住在像藤野那样所谓的"乡村"，所以我担心在通常被认为比较闭塞的日本乡村，一个初来乍到的人，如果一下子就要开始什么"转型城镇"这样一个有着意义不明的外来语名称的活动，恐怕会被认为是什么奇怪的宗教吧？还是先跟大家打一下招呼为好。

上：非营利组织 PCCJ 的据点。这是老房改建后的建筑，每年这里
　　都会举办朴门的设计课程以及实践课程。
下：私立学校华德福学园。利用关停的小学校舍，于 2005 年开始
　　实践华德福教育。

然而，令我惊讶的是，当我实际见到这些人，小心翼翼地说明自己是谁，想在藤野开展什么样的活动时，几乎所有人，不仅没说任何否定的话，相反还鼓励我："挺好啊，我会支持你的，加油哦！"其中，尤其是旧藤野町时代在町委推动"故乡艺术村计划"的中心人物中村贤一，还有长年担任相模原市市议会议员的野元好美，都给予了我极大的支持。中村先生很快召集了在藤野开展过有影响力的活动的人，让我有机会向大家说明转型城镇。野元还邀请我参加她举办的作为每年惯例的"新年聚会"，并安排我在上面发言。当然，我也很清楚，今后在开展活动的过程中不会总能遇到这样宽容地给予理解和支持的人，但是在开始阶段就结识了这样一群人，无疑极大地推动了活动的发展。

这些际遇让我们倍受鼓舞。从 2008 年秋天到冬天，我们在藤野的多个地点举办了转型城镇的说明会。

我们去学校、社区以及其他团体的集会询问，只要他们愿意听我们说，我们就会在他们的活动上介绍。总之，就是这样反复尝试，我们花了半年左右的时间，在用心打好基础后的第二年，也就是 2009 年 2 月，我们感到"差不多可以正式成立了"。于是，我们用前文介绍的开放空间的方式举办

2009 年 1 月，在相模原市市议员野元好美组织的"新年聚会"上介绍转型城镇。这是我们第一次在藤野的公开场合介绍这个活动。

了较大规模的对话型活动，并在最后向在场者呼吁："我们想正式开展让藤野变得更可持续的活动，请问有人愿意和我们一起策划和运营吗？"让人喜出望外的是，在场大约有一半（差不多 20 个）人举起了手。就这样，"转型藤野"诞生了。后来，我们每两周召开一次例会，将之前报名参与策划和运营的人聚到一起，大家说说笑笑，愉快地讨论接下来要如何开展活动。

每两周一次的例会情景。在自由的氛围中，成员们提出了
各种各样的想法。

早期阶段的活动

我们很重视在例会上营造所有人都能自由发言的氛围，也正因如此，大家提出了各种各样的想法。在这个过程中，有时会出现所有人都为之叫好的和令人兴奋的点子，这种时候我们就会尽力去做做看。转型藤野举办的第一个活动是播放以石油峰值为主题的电影《郊区生活方式的终结》（*The End of*

Suburbia）的放映会。这是第1章里介绍的"转型的12个步骤"中的第2个，即"提高问题意识"，也是3H中所说的"Head"部分，并且为了不只局限于头脑，我们在电影放映结束后安排了在场者分享观影感想的时间，这是"Heart"的部分。

此外，在初期阶段让人印象深刻的还有制作太阳能炊具的工作坊。我们制作的是在拉达克地区得到实际运用的太阳能炊具，邀请了联接日本与该地区的非营利组织JULAY LA-DAKH的工作人员作为讲师。首先，他介绍了在电力供应不足的拉达克地区人们是如何确保能源供应的；然后，他使用PET塑料瓶和铝箔纸等非常容易准备的材料制作了太阳能炊具；最后，他用刚制作出来的太阳能锅成功煮熟了鸡蛋。这是12个步骤中的步骤7"创造看得见的案例"，也是3H中所说的"Head"和"Hands"这两部分。同时，这个活动也因为适合亲子家庭参加而获得了好评。

还有一次，我们从当地一位老人那里收到很多青梅，当时就想，不如借此机会办一个制作食物的工作坊吧。于是，我们开始策划活动，邀请老人来教大家用盐腌制小粒青梅，以及制作青梅原液等。当我们考虑有关食物的韧性时，像这样可长期保存的食物就可以发挥重要作用，如果能使用当地产量丰富的食材来制作的话，还能实现摆脱依赖的目标。这属于 12 个步骤中的步骤 10 "重视老年人"，以及 3H 中 "Hands" 部分的活动。

在早期阶段，我们的主要活动就是举办这种做一次就结束的单次活动。我们会在策划活动时就特别注意一些要点，其中之一就是大家可能已经注意到的，让活动具有多样性。第 1 章在说明 3H 的时候，我们也曾提到，如果总是举办内容相似的活动，每次来参加的就会是同一群人。为了让更多人加入，在主题（能源、食物等）、目的（12 个步骤中的任何一个）以及类型（3H 中的某一个）上，我们会注意不产生偏向，尽可能策划各种不同的活动。这样做不仅能在整体上降低参与者的"门槛"，同时还能增加参与者的接触面，冲着某个活动来的人，也会有机会接触其他原本不太感兴趣的主题和类型的活动。因此，我们认为敞开大门非常重要。

策划时，我们还非常重视活动的趣味性。第 1 章也提到过，社会上的很多市民运动都有这样一个倾向，就是动不动就煽动大家的危机感，比如说"现在情况已经这么严峻，大家一定要如何如何"，通过这样的话，用恐惧来推动人们行动。然而，源于恐惧的动力，即使有效也是短期的，不可持

2009 年 5 月，邀请非营利组织 "JULAY LADAKH" 的伙伴向大家介绍
拉达克地区的可持续生活，并一起制作了太阳能锅。

续。很多时候，人们为了回避恐惧会自动屏蔽这样的信息，并渐渐对疑似这种主题的活动绕道而行。诚然，现实也许的确像他们所说的危机四伏，但是过于强调这一点会让人敬而远之，产生反作用。相反，活动主办者看起来很开心会让人们产生所谓"凑热闹"的心理，即使我们不去鼓动，他们也会自己跑过来问"你们在做什么"。我住在芬德霍恩的时候曾听到过这样一句话，就是"不好玩的事情不可持续"，我想这句话确切地说出了这个道理。

工作小组的成立

策划和组织上述那样的单次活动虽然很好玩也很重要，但却无法让我们的活动长久地持续下去。也就是说，我们只是拥有了很多个"点"，而这些点无法连成一条线。不仅如此，这种做法往往也可能导致所有活动全部由相同的成员来策划和组织，从活动可持续性的角度看，这样并不理想。

因此，正如"转型的 12 个步骤"中的步骤 5 所描述的那样，我们开始尝试进入下一个阶段，为每个主题建立工作小组，让各小组根据自己的主题开展活动。我们采用的不是常见的"分配任务型"工作方式，这不是转型城镇的风格。我们选择了"自由发起"的方式，也就是如果有人对某个主题感兴趣，比如"想要开展能源方面的活动"，那就可以由这个人发起，然后其他对该主题同样感兴趣的人就可以加入，进而组成一个工作小组。用这种方式的话，成员的自发性和主体性都得到了尊重，而活动也更可持续。

我们有时把工作小组比作学校的兴趣小组，因为大多数人白天都在从事自己的"日常工作"，只有周末或工作日的晚上才能参与转型城镇的活动，这很像课后的兴趣小组。既然是兴趣小组，你自然会选择加入自己感兴趣的小组，根据情况，你甚至可以同时加入几个。同样，在转型城镇的活动中，人们会根据自己的兴趣和时间安排来决定参加哪个工作小组，并且有些人还可以依据情况参加多个小组。

只不过这种方法可能会造成有些重要的主题没人主动发起的情况。事实也是如此，转型藤野曾多次尝试成立食物和能源工作小组，因为这两个是转型城镇活动中非常重要的主题。但在早期阶段，因为没有出现愿意发挥核心作用的人，所以一直没能成立，但是我们依然很乐观，心想"只要时机成熟，就会成立的吧？"因此并没有强行成立工作小组。即使小组成立了，也会遇到成员因生育、换工作或者搬家而无法继续参与活动的情况。这种时候，我们也不会说"是你说过要做的"这种话，而是视之为小组内非常自然的新陈代谢，并保持"往者不追，来者不拒"的开放态度。

转型藤野的宗旨

我们之所以保持这种开放态度，是因为转型藤野在创立之初就设定了自己的宗旨，"想做的人，在想做的时候，做想做的事，想做多少做多少"。换句话说，我们最重视的是每一位成员"想做"的心情。正因如此，我们不会在没人想做的情况下强行启动一个工作小组，也不会在某人因某种原因不能再参与活动时勉强挽留。

这与第1章介绍的"转型城镇三个关键词"之一的"创造力"有着密切的关系。在这里，我也想请各位读者朋友思考一下：人究竟在什么情况下可以发挥最大的创造力，是在有人威胁或强迫你的时候吗？答案应该是否定的。当你在做自己想做的事情时，创造力才会得到充分发挥。因此，如果我们想要最大限度地利用人们所拥有的、最丰富的却最没能得到充分利用的可再生能源——创造力，就要尽可能地尊重活动参与者"想做"的心情。

换一种说法，也就是我们非常重视真正意义上的志愿精神。在日语里说到志愿者（volunteer）时，人们一般会将其理解为"不收钱，只是提供无偿劳动"。但在英语中，"volunteer"的原意是"自发做某事的人"。因此，无论收不收钱，做自己想做的事，才是志愿者的本意。可以说，"想做的人，在想做的时候，做想做的事，想做多少做多少"这个宗旨表达了我们对真正意义上的志愿精神的重视。

每当我们说起以上这些想法时，人们通常会问："这样一来，每个人想做什么就做什么，活动不会很散漫无序吗？"然而，第3章里的许多案例将会告诉你，这种担心完全没有必要。回顾过去，我可以肯定地说，正因为我们始终如一地践行了这个宗旨，所以才诞生了这么多的范例。当我们越是努力地开展活动，成员们对问题的意识越高，我们对自己和他人的期待也会越多，比如"我应该这么做""希望你这么做"。虽然坚持这个宗旨绝非易事，但看到最后的结果时，我感到这种坚持是值得的。

没有领导的组织

还有一件让其他团体感到惊讶的事是，转型藤野没有所谓的"领导"。在这里，领导（leader）指的是领导的职位，如"会长""组长"。从这个意义上说，我算是发起人，但我并不担任有别于其他成员的特殊职务。换句话说，转型藤野没有明确的指挥系统，说得更具体点，就是没有组织架构。因此，那些对于活动和团体有着传统观念的人应该会认为这种做法不可能行得通。

我希望大家好好想一想，"领导"究竟指的是什么人。当然，这个词并没有唯一的定义，我们可以根据一个人有没有团体负责人的职位来定义。然而在我们的活动中，"领导"一词首先是指"自发思考、自发行动的人"，也就是如前文提到的"真正意义上发挥志愿精神的人"，因此有了职位以及伴随而来的责任，反而可能会剥夺这种自发性。以这种方式定义"领导"，还意味着可以告诉人们，在转型城镇的活动中，每个参与的人都是"领导"。

很久以前，有一本书引起了组织理论界的热议，书名为《海星模式》（《ヒトデはクモよりなぜ強い》，英文书名

为 *The Starfish and the Spider*)。书中提到：从长远来看，"成员拥有强烈的主人翁意识且自主行动的组织"（海星型组织）比"领导者明确、指挥链清晰的组织"（蜘蛛型组织）更强大。换句话说，海星型组织比蜘蛛型组织更具有韧性。

《海星模式》布莱福曼、贝克斯特朗著，糸井惠译（日经 BP 社 2007 出版）

通过职位定义"领导"的组织存在这样一个问题，即没有职位的人的主动性会被削弱，而有职位的人的负担会加重，这就造成了一个恶性循环——组织内部的主人翁意识的差距被放大了。从这个意义上说，有意不设置特定的领导，让组织成为一个基于主动性的、每一位成员都是领导的组织，对于以提高地区韧性为目的的活动是非常合理的。

会议中的"签到"机制

"一个没有'领导'的组织"或者换句话说"全是'领导'的组织",是如何作为一个整体持续地开展活动的?这当中有几个重要的因素,其中之一就是例会开始时的"签到"(check in),我觉得它在保持组织整体性上发挥了重要作用。"签到"是指参会的每一位成员都坦诚地表达"自己当前的感受",并且周围人认真倾听的这一过程。你可能会想,"啊,就这样吗?"这个机制虽然听上去简单,但其实对成员关系以及沟通质量的影响却是超乎想象的。

在这个环节,你可以讲一些与转型城镇工作完全无关的个人情况。不仅如此,我们其实希望大家多讲讲自己的事情。在这位成员发言时,其他人不会插嘴,也不会评价或批判,只是好奇、认真地倾听。我们不仅要讨论"发生了什么""做了什么"一类关于"做"(DOING)的方面,还要讨论你对它"有什么样的感受",也就是"状态"(BEING)方面。这也就是前文所说的3H中"Heart"的部分,倾诉内心,用心聆听。从这个意义上说,在这里用"**聽**"比"**聞**"可能更好,因为前者包含了"心"字。(注:在日语里,表示

"听"的有"**聽**"和"**聞**"两种文字）。

其实，像这样面向众人说出自己的真实感受并不是一件容易的事，它需要对自己和对他人的信赖。因此，开始时可能需要一点勇气，但当你鼓足勇气说出来，大家又在那么好奇地倾听时，你就会因为看到"他们倾听了我的感受"而增加对他人的信赖，同时你也会因为知道"我可以有这样的感受"而增加对自己的信赖。通过在每次会议上重复这个过程，成员之间彼此信赖的社会资本就会不断地得到积累。

"签到"的另一个作用是成员们可以更深入地了解彼此的为人。一个人"是什么"（BEING）比他"做什么"（DO-ING）更能展现一个人的为人。换句话说，通过安排定期"签到"的机会，成员间就能逐渐发现彼此的"自我"。一个组织能否在活动中保持凝聚力，关键就在于成员对彼此的性格和为人的了解程度。

然而，在常见的活动中，90%以上的会议内容都是在讨论"DOING"，而在会议上谈论个人事务，如每一位成员的生活经历以及对于这些经历的感受等，往往会被视为浪费时间。但是，在转型藤野的会议上，我们有时甚至仅"签到"就用完了会议的时间，以致来不及商量活动的事。我们认为，如果成员间的信赖和理解等社会资本能因此增加，那这样使用时间也是有意义的。

开展"转型酒吧"活动

除了例会上的"签到"，"转型酒吧"活动也为加强转型藤野的凝聚力发挥了很大作用，尤其是在活动初期阶段。不定期地组织大家一起"喝小酒"，为平时主要讨论地区韧性、减少能源消费等严肃话题的成员们，提供看到彼此不同一面的机会，从而加深彼此的关系。

活动开展时间多是周末前的星期五晚上，地点是一家只在白天营业的兼营自然食品店的餐厅。大家对这个活动都很上心，甚至特意做了一块气派的木雕门板，上面刻着"Transition Bar"（转型酒吧）。除了内部成员，我们还会邀请当地对转型城镇感兴趣的人参加。活动现场总是热闹非凡。我们有时候还会放映电影，大家也会在看完后边喝酒边聊感想。

上：在兼营自然食品店的餐厅里开展"转型酒吧"活动。为活动特地制作的一块木雕门板，可见大家的热情之高。

下：2009 年 10 月开展的"转型酒吧"活动。除了内部成员，还会邀请外部人员参加，每次都热闹非凡。

这样的聚会也是大家为自己开展的活动庆祝的机会。因为人们在开展活动时，常常会只顾着往前冲，却忘了要时不时停下来为已经获得的事业成果好好地庆祝一番。如果只在意那些"没有做成的事"，就会忘记要为彼此"已经做成的事"庆祝一下。一直这样下去的话，活动参与者们的热情就会渐渐地消磨殆尽，活动也会无法持续下去。因此，我们在转型城镇的活动中，尤其要重视时常庆祝。通过庆祝，获得成就感，增强自信，成员间的友情也会因此加深，然后充满活力地相互鼓励："今后也要一起努力啊！"

关于"开放空间"

在这里，我想简单介绍一下"开放空间"。这是"转型的 12 个步骤"中的步骤 6，在转型藤野的活动中也得到了广泛的运用。一般什么样的场合适合使用"开放空间"呢？比如，新年后的第一次活动中，在大家一起讨论新的一年想要开展哪些活动的时候，"开放空间"就能发挥它的威力。

具体的做法是，请参加者自由提出他们想讨论的话题，将较为宽敞的会场分割成几个空间，把大家提出的话题分配到不同的空间，然后每个人再到自己感兴趣的话题空间里参与讨论。"开放空间"的特征之一是遵守"主动转场的法则"。意思是，如果对正在参与的讨论不再感兴趣，就可以主动离开，转到别的话题去。在日本人的聚会里经常可以看到，有些人即使对话题不感兴趣，往往也会因为在意旁人的目光而继续坐在那里忍耐着。这样的话，不仅这个人会很无聊，对于周围的人来说他这么做也没有任何好处。既然这样，不如就转移到其他可能感兴趣的话题那里，这样或许会更加积极，甚至还可能有所贡献。"主动转场的法则"也可以说是

2010 年 1 月，以"一年之计"为主题举办了"开放空间"，大家按参加者带来的话题分了小组，然后展开了热烈讨论。

"对自己的热情负责"。

这就是"开放空间"非常适合转型城镇活动的理由，因为"对自己的热情负责"和前文提到过的转型藤野的宗旨"想做的人，在想做的时候，做想做的事，想做多少做多少"几乎是同一个意思。在这个意义上，"开放空间"可以说是转型城镇活动的缩小版。因此，如果想让那些还不太了解转型城镇的人感受其精髓，"开放空间"应该是最合适的工具了。

共同绘制时间表

在第 1 章中我们说过，转型城镇活动的目的是"通过提高地区的韧性，建立可持续的社区"。但是在韧性得到提高且变得更可持续的时候，如果对于自己所居住的社区具体会是什么样子缺乏一个愿景的话，活动的发展就很难向前推动。

上：2011 年 1 月创办的"描绘藤野的光明未来"工作坊中的一幕。墙上贴了一大张标有时间轴的白纸，并邀请大家在上面写下各自对未来藤野的想象。

下：上述活动结束后，当地的艺术家帮助大家将时间表用绘画的形式表现了出来。这幅画让大家对于愿景有了更好的共识。

于是，转型藤野举办了题为"描绘藤野的光明未来"的工作坊，到场的人一起绘制了"时间表"。

在制作时间表的工作坊中，首先请每个人思考一下，自己希望藤野在20年后，也就是2030年，变成什么样子，并把希望那时实现的事情写在便签纸上。然后，在事先贴在墙上的大白纸上，从当时到2030年，依次写上年份，再在2030年的地方贴上刚才自己写的便签。接下来，大家再一起思考，为了让2030年的藤野成为大家所想象的城镇，从今天到2030年之间应该达成什么目标，并把目标也写在便签上，然后贴到墙上。就这样，先想象未来，然后倒过来推算，为了实现愿景，需要在此之前达成哪些目标，这种方式被称为"倒推法"。这种方法的优点是不受现实情况的束缚，可以比较自由地描绘未来以及通往未来的道路。

不是一个人苦思冥想，而是通过大家一起思考去酝酿很多平时没有的想法，如把所有硬化过的路面全都铲掉、让马车成为主要的交通工具。不仅如此，我们还请当地的插画家帮助我们将时间表进行精简并配上精彩的插画，从而让每一位参与者都叮以对20年后的藤野有一个史清晰的愿景。

"瓦版"的发行

转型藤野在初期阶段还发行了"瓦版"[1]简报。我们意识到如果不想让活动仅仅局限于兴趣小组的范畴，而是成为具有影响力的市民活动，就要通过各种宣传，努力让当地人了解我们的活动。于是，我们开设了一个简单的博客用来发布活动通知。然而，在一次活动中，有一位年长的原住民表示："我们不会使用电脑，所以很难获得信息。"我们受此启发，决定也同时发行传统的纸质媒体。既然要做，就要选一个符合转型城镇形象的名字，于是我们选择了怀旧风的名称"瓦版"，并且和电脑制作出来的印刷版不同，我们特意采用手写的文字，还配上了很多插图，尽力让它成为能够传递温度的媒体。

版面是1~2页A3纸的正反面，对折后一共就有4~8页，容量还是不小的。我们邀请各方人士投稿，收到文章后花费大量精力排版。最后我们决定1~2个月出一期。瓦版简报出

---

1 瓦版：日本在江户时代得到普及的、介绍快讯的报纸。日本江户时代在东京街头出现类似报纸的出版物，是一种单面新闻印刷品，在黏土做成的瓦坯上雕以图文，经烧制定型后印在纸上而成，故称"瓦版"。——译者注

2009 年 6 月起，"瓦版"共连续发行了 4 年半。它鲜明地记录了早期转型藤野所开展的各类活动，如今已成为珍贵的资料。

来后，我们会请那些支持我们活动的店铺帮忙放在他们的货架上，让来店的当地人免费拿回去看。在负责策划和编辑的妹尾佳子和小山宫佳江的努力下，从 2009 年 6 月第一期问世到 2013 年 11 月为止，前后 4 年半的时间里，一共持续发行了 33 期瓦版简报。

很遗憾，如今瓦版已经停止发行，现在的宣传主要依靠网站和脸书，以及第 3 章将介绍的"社区货币万（よろづ）屋"的群发邮件组。但是，每当翻看已经整理成册的旧资料时，眼前就会浮现最初开展转型藤野时生机勃勃的景象。

联结当地其他团体

"转型的 12 个步骤"中的步骤 3 是"联结当地其他团体"，而转型藤野从一开始就很重视这一条。联结、合作，说起来简单，做起来则有各种不同的方法。我们选择了其中最为彻底的一种方法——成为这些团体的成员。

当然，简单地拜访，交换名片，相互认识，也算是建立了联结，这比什么都不做要好很多。但我们认为，成为他们的成员，一起开展活动，是了解这个团体的活动并建立信赖关系最好的办法。举例来说，我自己就担任了非营利组织"藤野里山俱乐部"和公益组织"藤野观光协会"等当地团体的理事，并且我还是由政府主导的藤野地区建设会议上的成员之一。其他成员有的成为当地学校的理事，有的成为当地社会福利团体的职员，有的成为当地农业法人组织的干部。

我们特别注意不在一开始就去积极宣传转型藤野的活动，而是先去了解那些团体，为了与他们建立联结而参与他们的活动。当建立起信赖关系之后，对方就会慢慢开始主动向我们询问转型藤野的事，或者提议一起开展活动。

虽然这些团体和我们可能有着不同的活动目的或活动内容，但最终都是希望这个地区变得更好。这些团体里有很多对这个地区有着强烈情感并为它着想的人，而且还都是一些行动力很强的人。转型藤野在活动早期阶段就与他们建立起了联结，这对我们之后开展活动带来了极大的帮助。

从"打基础"到"成长期"

回顾这一章，我们介绍了2009年初转型藤野正式成立两年内所开展的活动。这个时期，活动的一大特点就是单次活动占多数，而且都是由初创期加入的核心小组负责活动的策划和实施，并且活动的主轴是加强成员间以及与当地其他团体间的联结。虽然有通过瓦版简报等方式让当地人看到我们的活动，以及传递"想做的人，在想做的时候，做想做的事，想做多少做多少"这个理念，但这时工作小组还停留在数量较少、规模较小的阶段。

就这一点来说，那时我们正处在"打基础"的阶段，如果用农业来比喻的话，就是在翻地、播种的阶段。只有认真打基础，才能像第3章介绍的那样，让各种各样的活动得以孕育，然后开花结果。那么，具体有哪些活动开花结果了呢？我们一起去看看吧。

第 **3** 章

转型藤野开展的
各种活动

本章，我们将通过介绍各工作小组实际开展的活动，观察转型藤野在"成长期"是如何变得更加活跃并得到进一步发展的。正如本书在前文中介绍的那样，工作小组是通过自由召集的方式，由一群对该主题特别感兴趣的人自发组成的。在活动中，大家一起讨论以这个主题在这个地区能做点什么，然后一起展开行动，创建一些看得见的案例，这就是活动的目的。接下来，我将介绍其中几个具有代表性的工作小组，希望他们的故事能让读者感受到转型城镇的精髓。

"社区货币万屋"的诞生

在我们为建立工作小组进行摸索的过程中，最早成立的是以经济为主题的小组"社区货币万屋"。在准备阶段，我们请来住在附近高尾地区的加藤久先生，带领藤野对社区货币有兴趣的人一起体验他的"社区货币游戏"。在这个模拟游戏中，大家分别使用正常的"法定货币"和"社区货币"进行模拟交易，观察最终哪种货币能让钱更多地留在当地。通过体验，大家认识到：法定货币交易越多，流出去的钱就越多；而社区货币，因为只能在当地使用，所以基本全都留在地区内了。

此外，我们还邀请了在千叶县鸭川地区推广"安房货币"的核心人物林良树，请他详细讲解了社区货币的运作方式。他们使用一种被称为"存折型"的社区货币，在人们加入这个转型网络的时候会得到一个存折，只要在存折里记录买卖的内容，交易就算成立了。最后，我们决定在藤野也使用存折型社区货币，货币单位定名为"萬（よろづ）"，意为"所有物品和服务的交易"。在经过2009年秋天开始的半年试用期后，社区货币万屋从2010年春天起正式发行。

成为社区货币万屋会员的条件是先参加说明会，了解这个存折型社区货币的目的和机制，以及几项需要达成共识的原则。这个说明会以发起人之一的池边润一为中心，每月举办一次。因为是社区货币，所以原则上规定只有藤野以及周边地区的居民才能参加说明会，但对于那些虽然住得远却经常到访藤野，有机会直接进行物品和服务交易的人，我们也同意他们加入。

除了满足以上条件，想要入会的人还要支付1000日元的入会费和1000日元的年费，然后就可以得到一本用于记录交易的存折。入会以家庭为单位，无论一个家庭有几位成

日付	取引の内容		プラス	マイナ
4/24	スミちゃんのパン			
4/28	おにぎりセット			
4/28	いいのさんの苗			
4/28	ひまわりの苗			
4/29	コーヒーメーカー			-200
5/15	つみきさんの ずぶッ〜〜 マッサージ			-300
6/6	ウッドチップ			-300
4/26	すみちゃんのパン			-60 -35
7/6	〃			-2000 -376
	あわせ版 表紙			-1000 -3866
				-600 -3866
	お野菜セット			-150 -39060
	自休自足			-39210
	〃			-50 -39260
		600	-100	-39360
		300	-100	-38860
		300		-38960
		300		-38660

员，都可以使用这个存折。此外，我们将自己能提供的物品和服务称为"给你"，自己希望得到的物品和服务称为"给我"，交易成立时，就将它们记录在存折的"给你给我一览表"里，秘书处会定期将这些记录做成小册子发给会员。不过，后来为了减少秘书处的工作量和会员金钱上的负担，同时也为了减少纸张的浪费，我们取消了会费；而关于"给你给我一览表"，我们会在新会员入会时将他们纳入邮件组以共享信息。

通常，大家在实际进行物品和服务的交易时，既会参考"给你给我一览表"，也会通过群发邮件将自己的具体需求告知全体会员。比如有这样一封邮件，"我本周日要搬家，有人能帮忙搬运家具吗？"这里的需求是"想要什么"（给我）。相反，同样是搬家，也有"可以提供什么"（给你）的需求，比如"我搬家时有些家具不要了，有谁想要吗？"收到邮件后，那些能回应这些需求的人就可以私信联系当事人，而不是使

上：社区货币万屋的存折。封面是请居住在藤野的艺术家傍岛飞龙设计的。
下：2012 年 4 月举办"万屋总会·交流大会"时为大家提供的面包。材料中的小麦粉和乌梅也是通过万屋系统提供的。

用邮件组回复，因为接下来就是非常个人的交易了。为了让大家尽可能减少邮件组的使用，我们在大家入会时会事先征得他们的同意。

入会时的注意事项里还有一条，就是当自己发起的交易通过私下交涉最终成立后，还需要在邮件组里报告大家。社区货币一般是在面对面的关系中进行的，如果有谁的需求没有得到回应，其他人即便自己没法回应，心里也会记挂着。如果看到"交易已经成立"的报告，那么就算没有直接参与，大家也会在心里为他们感到高兴。不仅如此，当看到邮件组里不断有各种各样的交易达成时，会员们会更加信赖社区货币，也会逐渐产生"我也试试"的想法。

存折的实际用法就像第87页的图片中展示的，从存折的左侧开始依次记录交易日期、交易内容、交易金额（卖出者记录在"+"栏里，买入者记录在"-"栏里）、现在的余额，然后是交易对象的签名。交易双方在各自的存折里记录必要事项，然后在对方的存折里签上自己的名字，如此交易就成立了。此外，交易金额的单位是"萬"，1萬大致相当于1日元，实际金额如何设定，由交易当事人双方商量决定。

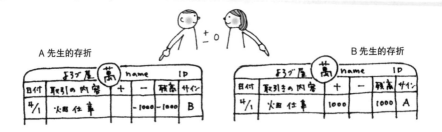

A 先生的存折   B 先生的存折

在"万屋的交易"这个例子中，A 请 B 帮忙干农活，作为谢礼支付了 1000 萬。
于是，A 的存折上标注"−1000 萬"，B 的存折上标注"+1000 萬"，相互
签上名，交易就算完成了。

为什么要采用存折型呢？因为在各种类型的社区货币中
这是最不麻烦的，而采用这种货币也是期望参与社区货币运
行的人能因此思考"究竟钱是什么？"说到钱，大家通常会
联想到纸币、硬币，但这只是钱的一种形式。如果追溯钱的
历史，你会发现，它原本是为了在一群人之间进行有效的物
品与服务循环而发明的，最初的形式是贝壳或者大米。也就
是说，只要能让物品和服务有效地循环起来，钱不必非是纸
币或者硬币不可。然而不知何时起，我们开始依赖原本不过
是钱的一种形式的纸币、硬币，特别是国家发行的所谓法定
货币。第 1 章里介绍的"转型的 12 个步骤"中的步骤 2 是
"提高问题意识"，我们正是想通过使用存折型社区货币，提

高大家对于钱的问题意识。

我们希望大家思考：钱是什么？这里有一个非常有趣的点，就是存折上的余额可以是负的。如果是正常的钱，包括银行存款在内，手里没有钱，就不能购买物品和服务；或者需要一定的信用，向银行借钱或使用信用卡。欠款可以累积，但毕竟是"借来的钱"，期限到了就需要连本带息地返还。然而，在存折型社区货币里，既没有借钱的概念，也没有利息的概念，只要全体会员的交易余额加起来总数为零，理论上无论是谁或者无论负数多少都没有问题。相反，我们认为负数越大，越能表明此人为他人活用手上资源创造了许多机会，这是在为藤野的地区经济做贡献。物品和服务循环得越多，经济也就越活跃，钱只是促进这种循环的润滑剂。从这点来看，没有为地区经济做贡献的不是那些存款余额为负的人，而是交易数量很少的人，即使他们的存折余额是正的。而且，没有利息意味着你的钱存着也没什么意义，倒不如花了好。

不过，为了避免误会，必须加以说明的是，并非所有我们需要的物品和服务都能用社区货币买到。如果社区货币的会员中没人能提供指定的物品或服务，那就只能和原来一样用日元去别的地方购买。此外，即便有人能提供指定的物品或服务，如果那个人不愿接受社区货币的话，交易也无法达成。比如，有人卖自己做的面包，为了做面包，生产者需要面粉等原材料，如果这些无法用社区货币买到，而只能用日元买，那么至少这部分材料费，需要买面包的人用日元支付。基于这种情况，"售价的百分之几可以用社区货币支付"这样的做法就出现了，也就是说，有些人是用"社区货币＋法定货币"的组合来提供物品和服务的。从这个意义上讲，社区货币绝不是要取代法定货币，而只是发挥"补充型货币"的作用。

因为不断有人进出的缘故，我们无法把握准确数字，截至目前，社区货币万屋大约有500名会员。在人口约为8500人的一个城镇中，500人约占总人口的6%，有这样的规模，相互间的日常交流便能进行得十分活跃。平均每天的投稿量为5~10篇，其中大约有7成可以成交。交易内容非常多样，很多只有在社区货币的交易中才能看到。

例如，有人发出这样的邮件，"洗衣机突然坏了，有人有多余的洗衣机可以转让给我吗？"说实话，起初我看到这条消息的时候，不禁嘀咕："哪有人会在家里放着两台能用的洗衣机。"但令人惊讶的是，这项交易居然顺利地做成了。在那之后，我至少看到人们通过社区货币完成了5台洗衣机的交易。还有一次在"七五三节"的时候，有人因为孩子没有和服，但又不想买这种只穿一次的衣服，于是就群发了一封邮件，结果很快就借到衣服了；还有想要出门但没有车的投稿，结果碰巧有人开车经过他家附近，看到消息后就去接他了；还有一个更厉害的人，他搬来藤野的时候，全套家具都是用社区货币凑齐的。

在曾经参与的交易中，我最喜欢的一个是2010年南非世界杯足球赛的时候，我非常想看日本队的直播，但当时我家没有电视，于是就在社区货币的邮件组里投稿："有人愿意带我一起看足球比赛吗？"谢天谢地，有人回应："来吧，正好我家要看呢。"谁知不只是我，看到邮件的其他球迷，即使家里有电视机，也来问："在家一个人看没意思，我也可以加入吗？"结果，最后居然来了近10个人，大家就像过去常在街边看到的那样聚在一起看比赛。托大家的福，那天热闹极了，这甚至后来发展成了一个常设项目，不过场地是不固定的。

社区货币主要带来四个好处。第一是经济上的。本来

2010 年 6 月，通过万屋的投稿，大家聚到一起看日本队的世界杯比赛。一群人看着电视，同喜同忧，十分热闹。

必须要用日元购买的物品和服务，现在不用日元也能买到了，这在经济上对于会员来说是有好处的，并且对于该地区来说也有好处，只要使用社区货币，钱就不会外流。有一个法则叫"乘法效果"，指的就是钱在地区内循环得越多，经济效果越好。因此，很多地区都引进了社区货币以激活当地经济。

第二是环境上的好处。想想刚才那台洗衣机就能理解了吧。使用社区货币购买物品时，物品只在地区内流动，也就是说，只需很少的能源就能搬运。而且就像洗衣机案例所展现的那样，大家使用社区货币进行旧物交易的次数增多了，购买新品的次数也就减少了，这样就能节约制造商品的能源，同时减少垃圾的产生。看足球赛的案例也是一样，比起原来 10 个人各自在家看电视，10 个人一起看能减少 90% 的用电。

第三是社会生活上的好处。在使用社区货币进行交易时，物品或服务的交接几乎都是面对面进行的。通过这样的往来，住在同一个地区但没见过面的居民，有了彼此认识的机会，从而可以产生新的联结。因为地方不大，大家出门购物或者参加活动的时候常会偶遇，也就能自然地攀谈起来："上次真的太感谢了……"这样的情况反复出现后，你在当地的熟人就会越来越多，从而让你对居住的这个地区越来越有安全感。

第四是精神上的好处。那些想要加入社区货币但有点犹豫的人经常提到的担忧是"想要别人帮忙的事很多，但没什么是我可以为别人做的"。看看那些使用社区货币进行交易的服务就会发现，其实没有什么特别的，就像已经提到过的：提供自己家里不用的东西，开车接送他人，搬家时去搭把手，帮忙照顾宠物，看一会儿孩子，等等，像这样只要有时间和力气就能做的事情有很多。通过这种方式，人们会发现自己也有能为他人做的事，并从中切实感到因帮助他人而获得的自我肯定和归属感，"我也是这个地区的一员！"

以上这些好处在一定程度上是几乎所有社区货币都具备的。此外，存折型社区货币还有几个特有的好处。其一是防灾上的好处。比如，当台风、暴雨造成封路或者树木倒伏、山体滑坡的时候，大家能立即在邮件组里发消息。实际遇到这些情况的人主动分享的消息，很多时候比当地政府的警报还要快和准确。藤野经常在发生灾害的时候出现电车停运的情况，这时候会员们发来的最新交通信息会带来很大帮助。防灾功能发挥得最好的一次是2011年3月的"3·11"大地震以及福岛发生核事故的时候。当时政府一直没有发布详细的信息，很多会员对核辐射污染的危险性深感不安。这时候，了解情况的会员就在邮件组里积极地分享信息，帮助大家作出冷静的判断。

此外，存折型社区货币的邮件组还能用来通知各种活动，发挥"广告功能"。我们经常可以看到会员们参与的各种当地活动的信息。与之相似的还有"招募功能"，比如"我想要开展这样的活动，有谁愿意一起来吗？"实际上，不少工作组或项目就是从这样的投稿开始的。

不仅如此，存折型社区货币还有一个好处，就是每个会员所拥有的知识和技能在这里可以很自然地作为资源被可视化。在"给你给我一览表"的"给你"栏里通常写满了"我能提供这样的服务"，这简直是资源的宝库，如果人们仅是住在同一个地区是无法得到这么多信息的。即使不看"给你给我一览表"，当你在邮件组里投稿寻求帮助并收到他人的回应时，其他人就可以知道谁有这种资源了。此外，当你和他人进行交易，在为了签字而相互交换存折时，你可以清晰地看到对方之前和谁进行了什么样的交易，这也是了解彼此拥有何种资源的机会，并且其中很多是之前所不知道的。

当人们体会到他人所拥有的多样资源能丰富社会生活时，对"差异"就会变得更加宽容。这可以视为文化上的好处。尤其是在乡村，越是偏僻的地方，人们通常越容易对有着不同背景的外来者持有抗拒感；然而在藤野却恰恰相反，人们很高兴看到与自己不同的人加入进来。随着对多样性变得愈加包容，原本住在藤野的那些不太能表达真实自我的人，也能渐渐地开始表达自己了。

以上，除了最初介绍的社区货币的四个好处外，又加上了防灾、宣传、招募等功能，还有成员身上资源的可视化，以及随之而来的人们对多样性的愈加包容等存折型社区货币所特有的长处。我认为，社区货币万屋不仅对于它的会员，甚至对整个转型藤野的活动而言都具有基础建设的作用。社区货币万屋是转型藤野建立的第一个工作小组，但建立这个工作小组并不是出于战略需要，只是出于偶然，大家也都对这个主题产生了兴趣。现在回过头看，这个起步对于之后建立各种其他工作小组而言，毫无疑问打下了一个很好的基础。

缘于"熊出没"的森林活动

在社区货币万屋之后成立的工作小组是"森林俱乐部"（简称"森部"）。建立森部的契机是在 2009 年秋天，藤野发现了熊的踪迹。藤野周边的森林里一般不会出现熊，据说是因为那年熊爱吃的橡子歉收，它们为了寻找食物从丹泽山系远道而来。然而，根据 20 年前就开展了深山再生活动的自然保护团体"日本熊森协会"的介绍，近年来在日本各地都能看到熊出没的现象，并且不是因为偶发的橡子歉收，而是由于森林退化。

至于森林为什么会退化到这种程度，其原因除了"二战"时期的乱砍滥伐，还有一个就是日本战后急需木材，所以不仅在采伐迹地进行人工造林，还大量砍伐为熊提供橡子等食物的天然阔叶林，转而人工种植了建材价值更高的柳杉、香柏等针叶树，这就是所谓的"扩大造林政策"。1964 年后，木材进口自由化让廉价进口木材得到稳定供给，国产木材的价格开始迅速跌落。随之而来的是日本林业的衰落，原本必须通过间伐等作业进行管理的人工林，因无利可图而被弃之一旁，不再进行间伐。这就是造成日本森林退化的原因。

藤野虽然是一个里山小镇，但其实它的面积有 65 平方千米，几乎等同于东京市中心的环线"山手线"以内的面积，并且 80% 是森林。当你实际踏入这片森林便会发现，这里同样有很多未经间伐的柳杉和香柏的人工林被闲置在那里。无法被当作建材使用的细长树木密集地长在一起，几乎没有光线可以照进来，许多地方昏暗得甚至让人觉得有点毛骨悚然。然而，即便是这样的森林，只要通过间伐让光线照进来，阔叶树等植物就能自然地发芽生长，这被称为"自然更新"。如果光线照不进来，那么连草也很难生长。那些没有进行间伐的杉树和香柏，树根扎得很浅，再加上没有草的话，森林的土壤必然变得非常脆弱。这就是对森林放任不管造成的最大问题。

日本的森林大多长在山坡上，而城镇建在山脚下。藤野就是这样的一个小镇。如果山林的土壤非常脆弱，发生大雨和大地震的时候，就很容易出现山体滑坡的现象。近年来，日本由于山体滑坡造成的灾害越来越多，从报道来看，其原因常被归为异常天气。然而异常天气只是山体滑坡的一个诱因，更根本的问题是森林退化造成的土壤脆弱。致力于解决这个问题的专家已经发出警告，今后 10 年内，如果不认真制定对策的话，事态将变得越来越严重。

熊出没的现象让我们了解到日本森林所面临的问题，并意识到藤野的森林问题需要我们自己去解决。出于这种危机感，我们成立了森部。然而，迄今为止森林管理都是由林业专家来进行的，因此刚开始的时候，我们感到这不是我们这样的外行可以随便涉足的领域。于是，在最初的一段时间里，我们反复尝试了各种方法，比如定期聚会、围绕森林和树木开展主题讨论，或者直接去现场听取林业工作者的意见。在这个过程中，我们听说有一种外行也能采用的间伐方式，即"剥皮间伐"，这个方式为我们打开了缺口，森部的活动自此不断得到扩大。

所谓剥皮间伐，就是剥掉树皮后让树留在原地一段时间，等它自然风干了再砍伐的间伐方式。这是在福井县林业普及指导员锯谷茂发明的"卷枯间伐"基础上，由静冈县非营利组织"森林复苏"的大西义治进一步发展后得以确立的。每年4月至8月，柳杉和香柏等针叶树会大量吸收水分，在这个时候，我们会在树干靠下方的树皮上切一刀，然后将树皮向上拉。这样的作业很容易完成，这也是剥皮间伐的一大特征。听上去好像对树有点残忍。像这样被剥掉皮的树放了差不多一年后就会干枯，因为水分几乎全部蒸发掉了，所以树被锯下后会被周围的树挡住，而不会一下子倒下来。对于外行来说，间伐作业通常是很危险的，因为是用电锯把仍

上：2011年7月举行的"闪光之树"活动上开展的剥皮间伐。在4月至8月柳杉和香柏等针叶树吸收水分的季节进行就可以轻松地剥下树皮。

下：森部的成员在作业后的合影。在大自然中完成任务后，连表情都显得那么清朗。

然充满水分的树生生地锯下来，所以如果没有一定的技术让树准确地朝预定方向倒下去的话，最糟糕的情况可能就是有人被倒下的树砸中，丢了性命。而剥皮间伐就没有这种隐患，所以普通人也可以放心参与。

当然，你不能擅自到森林里剥树皮，需要事先得到森林所有者的许可。当初因为山林的主人支持我们的想法，森部才被允许在三个地方开展作业。我们在适合剥树皮的季节，每月举办一次间伐活动，通过社区货币万屋的邮件组等渠道来招募，然后和参加者一起进山剥一天树皮。因为树皮很容易就能剥下来，所以我们非常欢迎大家以家庭为单位来参加。一大群人热热闹闹地剥树皮十分有趣，我们还会建议大家带着盒饭来，一边享受野餐的气氛，一边开展修复森林的工作。在活动初期，我们常邀请大西先生来指导大家。对了，大西先生给"剥皮间伐"起了一个爱称，叫"闪光之树"，意思是"树皮闪光，森林闪光，新的生命闪闪发光"。实际上，刚剥掉皮的树看上去白得发亮，非常美。间伐后，光线照射进来，整个森林仿佛重新获得了生命。这些都是我们的亲身感受。

大西先生所实践的"闪光之树"是一个经过深思熟虑

的模式，剥皮间伐、修整森林不需要山林主人掏一分钱，报酬是免费获得锯下来的树。这对山林主人来说简直是求之不得，因为请专业的林业人员的话，通常费用非常高，而我们不仅免费间伐，还免费把间伐下来的树木运出去。不仅如此，间伐后，剩下的树会越长越好，将来作为木材也会有更高的价值。对于开展间伐活动的一方而言，剥树皮可以设计成有趣的活动，或者介绍森林现状、学习育林方法的教育活动，有时还能收取活动费，这样不仅在组织上没有什么成本，锯下来的间伐木还可以加工成建材，无法制材的部分或者剩下的边角料，可以作为柴炉的生物质燃料进行销售，获得收益。也就是说，这对山林主人是好事，对我们是好事，对森林也是好事，这不正是过去近江商人传下来的"三方都好"[1]的原则吗？在藤野，我们也出现了一些好的案例，比如将剥皮间伐得到的木材用于建造住宅或者改建房屋。森部的代表桝武志正在带领大家一起研究是否有可能建立一个循环，有效利用剥皮间伐进行创收，然后再将收入用于维护森林。

---

1 "三方都好"即一桩生意要对卖方是好事，对买方是好事，对社会也是好事。也就是说，买卖双方都满意，还能对社会有贡献，这才是好的生意。这体现了日本古代近江商人的商业精神。近江是现在的滋贺县。——译者注

在森部的活动里，除了剥皮间伐外，特别值得一提的是"水脉修复"。这一切源于与山梨县上野原市（邻近藤野的城镇）的景观园艺师矢野智则的邂逅。水脉修复是矢野先生通过反复试验后开发的环境改良手法，目的是通过修复被混凝土建筑切断的水脉，实现大地的再生。矢野先生说："如果把大地比作人的身体，那么水脉就是血管。如果你能想象血管阻塞后人会怎么样，那么就能理解被道路、大桥和水坝等混凝土建筑阻断水脉的大地现在正处于什么状况了。"所幸，即使不拆掉这些建筑，也有让大地再生的方法，并且无须使用重型机械等大规模施工工具，任何人只要有铲子一类的简单工具就能完成这项工作。

于是，我们邀请矢野先生以"藤野自然学校"的名义举办了为期一天的讲座，内容由简单的授课和现场实习组成。桝武志、伴昌彦和竹内久理子作为核心成员开始策划每月一次的讲座。曾在剥皮间伐等活动中提供帮助的山林主人的土

2013 年 2 月，藤野自然学校主办的水脉修复讲座。在大家用铁锹、铁铲挖开干涸的水脉后，水不可思议地缓缓涌出来。

地被选为活动场地，那里有一个支撑中央高速公路的巨大桥墩，正好阻断了原有的水脉。在矢野先生的指导下，十多人拿着铁锹、铁铲，用半天时间疏通了水脉。令人惊讶的是，原先完全干涸的大地慢慢地渗出泥水，一两个小时后，泥水逐渐变清，流量也增大了。当看到清水的时候，我们仿佛真的感受到大地在重新开始呼吸。这次经历让我们感受到大地也是有生命的，大地也具有自愈的能力，即便它的水脉被混凝土严重阻断，只要有人稍稍帮一把手，它就能靠自己的力量再生。

就这样，因为藤野出现了熊，我们成立了"森部"；因为受助于大西和矢野这两位用自己的方法去帮助森林并解决森林问题的专家，我们创造了"剥皮间伐"和"水脉修复"这两项支柱性活动。我在转型城镇的活动中看到了，只要你带着想法去行动，很多时候就会像这样，在对的时候遇到对的人。从结果看，我们通过剥皮间伐对森林看得见的、地表以上的部分进行保育，又通过水脉修复对森林看不见的、地表以下的部分进行改良，从某种意义上说，我们找到了非常整全（holistic）的方式来解决森林问题。

"3·11" 地震与"藤野电力"

2011 年 3 月 11 日，前所未有的大地震袭击了东日本地区，关东很多地方都出现了停电的情况。藤野也属于东京电力的管辖范围，所以毫无例外地在地震发生的几天后遭遇了停电，即使在电力恢复供应后，也在一段时间内经历了痛苦的计划停电。让人发愁的是，发生地震时我家住在全电气化的房子里，因为停电，我家连厨房的炉灶也用不了，只能拿出储藏室深处的便携式煤气炉。戴着露营用的头灯和家人一起吃火锅的情景令我至今记忆犹新。

这次经历让我的心情变得非常复杂。停电导致了不便，即使用电，我们也不得不使用核电站或者火力发电厂制造的电力，而前者中包括因这次大地震影响而发生爆炸事故的福岛第一核电站，后者则在排放大量温室气体，导致气候变暖。就在这时，社区货币万屋的邮件组里忽然有人提议："我们成立藤野电力怎么样？"结果，有 40 多个人对这封邮件作出了反应。这些人中有不少应该和我有同样的心情吧。于是，没过几天，大家就开会讨论了这件事。我们可以不依赖电力公司，自己提供所需要的电吗？因为刚刚经历了大地震以及之后的大规模停电，在那天的集会上，大家看上去比以往都要认真和热切，我至今难忘。

大家提出了各种点子，其中看上去很快就能实现的"迷你太阳能发电系统"备受关注。有人提供信息说，住在藤野近邻相模湖地区的铃木俊太郎因为地震前在家里装了自制的迷你太阳能发电系统，所以在地震停电的时候，他家的生活用电没有受到影响。于是大家决定请他作为讲师来藤野办工作坊，教大家制作迷你太阳能发电系统。工作坊本身非常简单，铃木先生先讲解基本的原理和结构，然后拿出他带来的太阳能板（边长1米的正方形）、电池、遥控器、变频器以及一些电线等材料，指导大家把这些材料连接起来。完成这些只需要半天时间。"这个可行！"大家感到很有把握，于是决定定期举办这个工作坊。

接下来，藤野电力开始正式开展活动。其实在那之前，我们就曾多次尝试建立以能源为主题的工作小组。我在序章中提到过，转型城镇最早在英国成立的时候，就是以解决石油峰值这个能源问题为主轴的，所以转型藤野一开始就非常重视能源这个主题。然而，虽然开展了几次活动，比如能源主题纪录片的观影会和制作太阳能锅的工作坊，但最终依然没能建立起相关的工作小组。现在，面对"3·11"大地震这个前所未有的巨大困难，我们心中的危机感促使工作小组迅速地建立了起来。

说到藤野电力，可能有人会以为这是一家公司，其实它和转型藤野一样，只是一个不具备法人资格的社会团体。然而，"公司"的英文 company 来自拉丁语的 companion，意思是"一起"（com）、"面包"（pan）、"吃"（ion）也就是"一起吃面包的伙伴"，而藤野电力是"一起发电的伙伴"，那么也可以说是正统的 company 吧。因此，我们在海外介绍藤野电力的时候，都会将之称为 Fujino Electric Company，并加以说明，强调这个 company 不是法律主体（legal entity），而是人的集合体（company of people）。

名字的力量不能小看，如果当时邮件里问的是"我们在藤野建立一个能源主题的工作小组吧"或者提议了别的名字的话，恐怕就没有现在这样的向心力和气势了。因为在此之前，当人们说到"××电力"，大部分人都会认为是像东京电力这样的大公司，而敢于用"藤野电力"这个名字与之抗衡，让我察觉到伙伴中生出的"不靠东京电力，我们要自己发电！"的气概。就像《圣经》里大卫与歌利亚之战那样，

2011年4月创办的组装迷你太阳能发电系统的工作坊。我们邀请
住在近邻相模湖的铃木俊太郎作为讲师，向他学习基础知识和技术。

藤野电力作为一个地方级的市民团体，挑战东京电力这个
"巨人"，这个画面让我们的心里重新燃起了一把火，就在我
们因"3·11"大地震以及随之而来的福岛核事故感到无力
的时候。

　　因为这个具有挑战性的名字，藤野电力的活动以及组装
迷你太阳能发电系统的工作坊引起了各方媒体的关注，纷纷
为我们写报道、制作节目。在这之后，日本各地以"××电

力"命名的团体如雨后春笋般涌现。这种运动后来被称为"当地电力"，从结果上看，可以说是藤野电力引领了这个潮流。在活动刚开始的时候，我们完全没有预想过事情会有这样的发展，虽然没有成为与大型电力公司抗衡的力量，但还是觉得报了"一箭之仇"。

说到意外收获，其实还有一个。当初，我们是以藤野当地人为对象来创办迷你太阳能系统工作坊的，结果全国各地都有人来参加。刚才提到是我们点燃了当地电力运动之火，并且藤野电力的活动也得到了各家媒体的报道。随之而来的，是很多人通过这些节目和介绍知道了工作坊的事并对此产生了兴趣，于是远道而来参加藤野的活动。不仅如此，越来越多的人邀请我们去当地举办工作坊，而参加者由他们自己招募。为了回应他们的需求，藤野电力中有能力指导工作坊的成员开始利用周末时间去日本各地举办活动。不久之后，我们遇到了一个矛盾——原本为提高藤野地区的能源自给率而开始的活动，现在由于藤野电力的大部分核心成员都去到各地，没有时间在当地开展活动了。不过，我们也因此在提高藤野的韧性之外，还获得了帮助整个日本提高韧性的机会，所以对于这个矛盾，我们都笑着称之为一个"美丽的错误"。

截至 2020 年夏天，仅从掌握的数据看，我们举办了近 250 个迷你太阳能发电系统工作坊。这里面还包括外派讲师的活动，每月平均 2.5 次。这些工作坊组装的迷你太阳能发电系统的总发电量为 75 000 千瓦时以上。组装需要足够的空间，并且每一位参加者需要接受细致的指导，因此每一场活动的人数都会控制在 6 人以内，尽管如此，计算下来，总参加人员也超过了 1000 人次。不仅如此，按照藤野电力"开放资源"的原则，参加工作坊的人如果想像我们一样自己创办工作坊，我们没有设置任何限制条件，也不要求报酬，并会尽全力将自己积累的经验和方法传授给他们。藤野电力活动所产生的发电量已无法精确统计，很可能是上述数字的好几倍。开放资源的原则其实表达了我们的想法——我们想为提高整个日本的韧性贡献自己的力量。我们希望通过这种做法，推动日本发电体系从目前少数大型电力公司垄断的"中央集权型"向多主体参与的"自律分散型"转变。

除了举办迷你太阳能发电系统工作坊，藤野电力还开展了其他一些活动，其中一个，我们称之为"自带电源"。藤野每年 8 月会举办一场为期三天的活动，名为"光之祭"，其中一位活动策划人小田岛哲也是藤野电力的核心人物之一。

地震发生那年，小田岛产生了一个想法：活动用电能不能全部使用我们自己制造的自然能源？然后，他开始努力实现这个想法。"光之祭"的会场是"牧乡实验室"，这里曾经是一所小学，现在作为年轻艺术家们的工作室得到利用。在举办"光之祭"的时候，室内室外都有很多活动，其中的音乐会用电量不小。要完全靠自己发电，还是不太容易的，但是在各方人士的帮助下，小田岛最终实现了自己的目标。

另一位成员也想出了一个有趣的主意，就是让藤野那些参加了迷你太阳能发电系统工作坊的人，把自己组装的发电机借给我们在"光之祭"活动上使用。虽然单个机器的发电量不大，但如果把几十个机器放到一起，发电量就不小了。当时，我们需要尽可能多地收集可再生能源，因此立刻采纳了这个想法。我们通过社区货币万屋的邮件组发出了题为"请一起来发电"的邮件，结果家里有发电机的人纷纷回复，表示愿意提供帮助。每当有人申请提供发电机，我们就会冠上他的名字，称呼他为"××电力"，比如"榎本电力贡献50千瓦时！"这种叫法让大家变得更加积极了。当初，用地名称呼自己为藤野电力也启发了大家，"原来每个地区都可以自己发电啊！"而这次征集电力的行动又前进了一步，给大

家带来了新的灵感，"原来每个人都可以自己发电啊！"这正是终极的自律分散型发电。人们通常认为发电事业必须是"大型且固定"的，现在我们拓展了新的"小型且可移动"的可能性。

于是，电力的"可移动"催生了"自带电源"这个新活动。在"光之祭"，我们实现了电力的自给自足，并且100%使用可再生能源。其他地区的活动组织者听说这个消息后来找我们："我们的活动也想尽量使用可再生能源，能不能帮帮我们？"于是，藤野电力接受了委托，以小田岛为核心建立了团队，我们在小卡车上装满太阳能发电机，奔赴各地的节庆活动现场，为会场提供电力。其中，我们特别积极地回应了来自日本东北部地震灾区的委托。地震发生那年，日本全国上下都充满了一种自我约束的氛围——现在可不是搞庙

上：大家带着各自组装的迷你太阳能发电系统拍照留念。背景中粉红色的建筑就是"光之祭"的会场"牧乡实验室"。

下：2011年8月，在某村落的庙会上，棉花糖机使用了藤野电力提供的电。利用可再生能源进行发电的活动，为灾后的阴霾点亮了一盏灯。

会的时候。因此，很多地区都取消了每年例行的传统活动，但其中也有地区认为"我们就应该在这样的时候办庙会"，可如果要办庙会，大家都想尽量避免使用给自己带来核辐射灾害的电力公司所发的电，而我们送电上门的服务正好符合他们的需求。事实上，我们多次听到主办方提到，采用这种方式举办节庆活动为消沉已久的灾区照亮了一束光。

藤野电力有两大支柱活动：一个是迷你太阳能发电系统工作坊；另一个是目前仍在开展的"太阳能住宅建设"。大地震之后，藤野有越来越多的家庭在新建或改建住宅时，希望家中用电能有一部分是依靠太阳能。藤野电力也开始接到这样的订单。于是，铃木俊太郎和小田岛哲也都取得了"电器工事士"的资格证书，为给当地家庭住宅安装正规太阳能发电系统做好了准备。其实我家在灾后第二年建成的新房里也请藤野电力安装了一部分的太阳能系统，厨房以及其他在紧急状况发生时需要用电的地方可以随时使用太阳能发电系统提供的电力。前文提到，发生地震的时候，我家因为是全电气化住宅，停电时生活非常不便，这让我们记忆深刻。所以搬进新家后，当用电量超过电表上限而发生跳闸的时候，厨房和餐桌周围却依然灯火通明，这让我们感到无比安心和

在住宅屋顶安装太阳能发电系统。刚开始以小规模为主，后来的订单越来越多样化，有的甚至要求整栋房子都安装上离网型太阳能发电系统。

感动。每个家庭依靠太阳能发电的方式和比例各不相同，有些家庭全面引入太阳能发电系统，也有家庭只想在为喜好而买来的大屏幕电视机上使用太阳能发的电。截至目前，我们一共为 60 多个家庭安装了太阳能系统。

藤野电力就这样以推广自律分散型小规模太阳能发电为中心开展活动。最近加入的成员是一个非营利组织，这个组织致力于实现全世界的儿童都能平等地享有教育的机会。这个组织为非洲无电地区送去了迷你太阳能发电系统，并在当地创办工作坊教大家发电。为了解决该地区的难题，他们开始制作移动式电源模块。迷你太阳能发电系统的应用范围正在不断扩大。

自然发生的灾区支援活动

接下来要介绍的活动虽然不属于正式的工作小组活动，但却很好地展现了转型城镇的特征，这就是"3·11"大地震发生后迅速开展起来的灾区支援活动。

藤野虽然离福岛很远，但由于风的影响，核辐射污染也曾逼近这里，给那些孩子还小的家庭带来了很大的不安，其中有些人决定移居日本西部甚至国外。当时我家中也有尚在幼儿园的女儿，所以那些家庭的移居对我而言绝非无关的事情。社区货币万屋的邮件组里也几乎每天都有关于核辐射的投稿，持乐观立场和持悲观立场的人常常发生激烈的争论，后来甚至到了有些无法控制的局面，所以我们只得另外建立一个专供地震相关投稿的邮件组。

就在这个时候，在近邻山梨县都留市开展转型城镇活动的加藤大吾（现住藤野）来找我们。他当时正在用卡车给东北灾区那些不能住在自己家里，被迫过着避难生活的受灾群众运送救援物资。他希望转型藤野能协助在当地募集救援物资。我们立即将消息发送至邮件组，随后很快就收到了很多罐头食品、防寒衣物等物资，还有很多人附上了鼓励东北人民的留言，万屋的成员们还自发地将这些物资进行分类装箱。看到满载着捐赠人心意的救援物资被装上了加藤大吾的卡车并顺利出发，我的心中仿佛照进了一线希望——其他在场的人可能也有同样的感受。

地震后，因对未来感到不安而内心失去平静的人们似乎通过参与收集救援物资行动重拾了自我并恢复了平静。在那之后，万屋开始接二连三地发起各种灾区支援活动。例如，举办跳蚤市场，将家中不再需要但对他人可能还有利用价值的物品拿出来售卖，并将获得的收益作为捐款送去灾区。这当中有一家卡拉 OK 店的老板，他将每周固定一天的销售额拿出来购买高速公路的预付卡，提供给那些去往东北灾区支援的人。

2011 年 3 月，大地震刚结束时，我们对社区货币万屋募集来的救援物资进行分类和打包。万屋的成员主动承担了这些工作。

　　通过这次经历，我学到了"内心的韧性"中非常重要的东西，那就是当地震、核电站事故等重大事件发生的时候，如果我们一直担忧未来，就会被恐惧和不安吞没，心态也会变得消极；但如果我们能向外看，思考自己能为别人做些什么并采取实际行动的话，心态就会变得积极。这时候，如果还能和周围的人合力为他人付出的话，人就会变得越来越积极向上，对此我深有体会，而这一点也影响了后续的灾区支援活动。

地震发生一段时间后，社区货币万屋的邮件组收到这样一封邮件："我是在地震前从宫城县名取市搬到藤野来的。我的朋友、熟人所在的，同时也是我自己非常熟悉的闶上地区，在这次地震中受灾严重。所有的一切都被海啸带走了，很多人不得不在避难所生活。我想为他们做点什么，但是一个人的力量太有限了，可以请求藤野伙伴们的帮助吗？"投稿人是一位名叫水谷朱的女士，她真诚的呼吁打动了大家，很多人自告奋勇地回复："我可以帮忙！"

于是，水谷朱女士从4月份开始给灾区打电话，5月份之后就每月一到两次实地访问灾区，对避难生活中大家最大的困难进行口头调查，然后把需求信息投稿至万屋的邮件组，能帮的人就会给予回应。他们就用这种方式开始了支援活动。到了夏天，大家听说住进临时住宅的受灾者现在最需要的是电风扇。我多次和加藤大吾一起前往灾区，在参与志愿活动的过程中也曾进入过临时住宅，那些房子都是简单的板房构造，几乎不隔热，所以一到夏天这些临时住宅的室内几乎就是桑拿房。地方自治体只提供冰箱等最基本的电器，所以别说空调，就连电风扇也没有。从水谷朱那里听到这个消息的时候，我一下就理解了大家的需求。然而麻烦的是，这些临时住宅通常是由自治体进行管理，不能擅自送物资过去，每次都需要取得自治体的许可，而且还有一个非常严格的要求：为了公平起见，如果要送电风扇，则需要给所有家庭同时送，并且还得是相同型号。要知道，我们支援的名取市箱塚樱临时住宅在当时一共有 102 户人家。

相信很多人还记得，地震后，社会上持续了一段时间的"节电热"，因此，那年夏天的电风扇比往年畅销得多。由于库存不多，所以很多店都在限购，规定"一人一台"。藤野周边的电器店也是一样，同类型的电风扇如果要买 100 台以上，需要花相当长的时间才能凑齐。然而，想到这些已经失去房子、备受磨难的受灾者正被迫住在酷热的板房中，我们格外迫切地想尽快把电风扇送到他们手上。于是，我们通过社区货币万屋的网络使用人海战术。如果有人出门，就请他顺道去电器店确认电风扇的库存情况，然后通过万屋的邮件组通知大家库存数量。比如有 5 台的话，看到邮件的人就叫上 5 个人一起去电器店，一人买一台回来，照这样反复操作。两周后，我们终于备齐了 102 台相同型号的风扇，并顺利送到了箱塚樱临时住宅。

2011 年夏天，我们通过人海战术，为宫城县名取市箱塚樱临时住宅的 102 户家庭买到了电风扇。同年冬天，用同样的方法买到了全部家庭所需的炕桌，并送到他们手上。

不久，冬天到了，这次又听水谷朱说他们需要炕桌取暖。因为夏天完成了购买电风扇的高难度任务，我们对自己也充满信心，所以再次展开人海战术，同样用了差不多两周的时间备齐了 102 台同样型号的炕桌，并送到了他们手上。临时住宅的居民非常感激我们所做的一切，更令我们惊讶的是，当时的名取市市长还给转型藤野寄来了正式的感谢信。不仅如此，日本广播协会的记者不知从哪里听说了这件事，还在新闻节目里介绍了事情的经过。由某个地区的社群支援相隔甚远的其他地区的社群，这种案例还是比较少见的，因此也引起了很大的反响。

至此，我介绍了一系列有关灾区支援的活动，正是这些活动，让我感受到了社群的巨大力量。如果是一个存在有机联结的社群，当它的成员自发地联合到一起时，就有可能做到一个人不可能完成的大事。这次，我真实感受到了这一点，相信不只我，很多参与这个活动的人都应该有相同的感受。事实上，以这个时期为转折点，藤野的转型城镇活动变得更加活跃了，我认为这是因为我们对社群的力量更有信心了。这让我想起转型藤野刚成立的时候，我们在电影放映会上播放了纪录片《社群的力量》（*Power of Community*）。纪录片讲的是当年由于美国的经济封锁，古巴面临粮食和其他生活必需品严重短缺的巨大危机。为了克服困难，他们大胆地转换到以社群为单位的自给自足经济，惊险地逃过了一难。纪录片如实地讲述了这段历史的前因后果，虽然规模和情况不同，但是我们通过灾区支援感受到的正是这种"社群的力量"。

在那之后，水谷朱等人也继续稳扎稳打地开展支援活

在临时住宅里过着避难生活的老人在制作地藏布偶。我们帮助他们在藤野的商店和团体内销售，并把收入交给这些老年人。

动，其中有一个活动名为"手作地藏布偶"。在这个活动中，我们会给在临时住宅里避难的老人送去制作地藏布偶的材料，包括小布头、和服布料、棉花、珠子、硬纸板等，并按照每个布偶所需预先分好。他们要做的就是把这些材料拼接并缝制起来。当时，我们通过社区货币万屋的网络请大家捐赠小布头和较为昂贵的和服布料，制作方法也是由我们派人去当地指导。布偶做好后，我们先收下，然后请藤野当地赞同我们活动主旨的商店老板和支持我们的团体帮忙售卖，销售额扣去材料费和快递费后全部交给制作布偶的老人。每一个地藏布偶老人们都制作得很用心，像这样其乐融融地和大家一起动手制作，既让他们感受到自身的价值，又在相互间建立了联结，并且还能有一点收入。因此，这个活动特别受到老人的欢迎。这是一个非常需要耐心的活动，同时，通过这个活动我们看到，最初只是一位女性热切的心愿，之后却能产生如此反响。这既让人感受到"社群的力量"，同时也让人感受到"个体的力量"（Power of One），即感受到每个人身上所具有的力量。

开展食农主题活动的"百姓俱乐部"

在考虑地区韧性的时候，和能源同样重要的是食物问题。转型藤野在早期也非常关心这个主题，并且创办了制作腌制食品的工作坊，还制订了种子交换制度让有家庭菜园的人能相互交换多余的种子，但这些都是单次活动，没能持续到成立工作小组的那一步。然而，就在"3·11"大地震那年年末，也许是灾区支援活动给社群带来了推动力，终于，以食农为主题的工作小组"百姓俱乐部"成立了。

听到"百姓"这个词，（在日本）人们通常会联想到农民，其实在日语里它原本的意思是"有着一百个姓的人"。其中，"姓"常与人的职业有关，所以具有"身兼多职的人"的意思。换言之，百姓也可以解释为"拥有很多生存智慧和技能的人"。这样说来，百姓不正是韧性很强，也就是这个时代所需要的人吗？然而在现代的"工业化"农业中，农民也被专业化和细分化，据说有人除了自己种的菜，根本不知道其他菜要怎么种，这实在让人笑不出来。也就是说，现在这个时代，连农民的韧性都不高。我们在食农工作小组的名字里加上了"百姓"是想表达一个心愿，即希望通过这个活动培养很多"拥有生存智慧和技术的人"，还原"百姓"原本的意思。

百姓俱乐部的第一个活动是利用闲置农田共同种植粮食。和日本其他地区的情况一样，经历了经济高速发展期后，藤野的农业人口急剧减少，如今有大量的闲置农田没有得到有效利用。这里房子的占地面积要比城市里大很多，有不少人在院子里种菜，也就是所谓的"家庭菜园"。不过想要自己种植大豆、小麦一类的粮食还是有一定难度的。为了能实现这些生活中最需要的粮食能在一定程度上自给自足，大家决定一起租用闲置农地，一起种植粮食。顺便介绍一下，在日本，大豆和小麦的自给率都是 10% 左右，约 90% 要依赖进口。因此，虽然只是杯水车薪，但为了能够有所贡献，我们决定挑战种植这两种作物。

我们租了大约 100 平方米的一小块土地。最开始的工作是扎篱笆来阻挡野猪，这些篱笆用的是我们在森部的活动中得到的间伐木。这块地长年没人耕种，我们需要把坚硬的土地耕开，把大量繁殖的杂草处理掉。一个人干这样的体力活会非常辛苦，所以百姓俱乐部会根据大家的时间调整日程，以保证最低作业人数。等到这些前期工作完成，土地也准备就绪，正好是 6 月份，于是我们先种下正值播种期的大豆。种大豆的另一个理由是：大豆会大量吸收空气中的氮，特别喜欢缺少肥力的贫瘠土地，最适合当作开垦后最早种植的作物。

上：百姓俱乐部租来种植谷物的地。因为长年休耕，所以在开始时我们要先把坚硬的土地翻开并进行松土。

下：半年后的土地。也许是因为新手的好运，老品种的津久井大豆结出很多果实。

大豆品种很多，我们选择了当地的老品种，主要是津久井一带（包括藤野在内）长久以来一直种植的"津久井大豆"。不知是因为大豆特别适合这里的土地和气候，还是新手的好运，那一年的收成出人预料的好，于是我们决定先办一场"毛豆啤酒派对"。我们把转型藤野过去举办工作坊时制作的火箭炉搬到农地旁边的空地上，再把刚收上来的大豆做成水煮毛豆。顺便介绍一下，这个火箭炉虽然只是一个用18升容量铁桶做成的非常简易的炉子，但火力相当强劲，为我们烹煮出了美味的毛豆。大家还叫上各自的家人，带来了小菜和啤酒。这完全就是一次名副其实的野餐。

我们敞开了吃，大豆还是剩了很多，于是我们暂时保存起来，到了第二年的2月，又举办了一个制作味增酱的工作坊。我们请来一位特别会做味增酱的老师，借来必要的工具，十多位参加者在老师的指导下，用了一天的时间，挑战人生中第一次味增酱的制作。让人惊讶的是，味增酱的做法很简单，只需充分地将煮到酥软的大豆捣成泥状，加上酒曲和盐进行搅拌，然后做成棒球大小的味增球，最后把一个个味增球塞到容器中，容器里尽量不要留空气。找一个阴凉的地方，放置半年到一年进行发酵，之后就可以吃了。我家做

左：大家煮熟毛豆，带来了其他小菜和啤酒，举办"毛豆啤酒派对"。
右：多出来的大豆用来做味增酱。在专业人士的指导下，大家借来
　必备的工具，用一整天的时间制作味增酱。

出的味增酱味道还算不错。制作味增酱让我认识到过去的人
有多了不起，他们发明的这种食物制作方法，不仅有效保存
了大豆，而且做出来的味增酱美味又健康。

　　大豆种植的成功让我们信心倍增。于是，我们继续在同
一块地挑战种植小麦。在关东地区，小麦的种植期是 11 月到
次年的 6 月，顺利的话，可以和大豆一起实现"二毛作"（同
一块地一年内种植两种不同的作物），于是我们进行了尝试。

不幸的是这一次以惨败告终，小麦很早就被鸟吃光了。像这样的挑战，有成功当然也会有失败，但是不试不知道，我们在实际操作中学到了很多。

就在这个时期，百姓俱乐部的核心成员末村成生结识了东京学艺大学长年研究杂粮的木俣美树男老师。当时木俣老师即将退休，正想找地方储藏迄今为止采集和保存的杂粮种子，于是末村便收下代为保管了。巧的是，这些种子大部分都是我们所在地区的老品种。既然收下了，不如大家就种种看吧，于是我们从附近的一家有机农户那里租了一小块地，又开始了新的挑战。因为有了农户帮忙，这次进行得很顺利，黍子、小米、黄米等杂粮全都结出了累累硕果。

作为日本的传统作物，这些杂粮和大米相比营养价值更高，尤其在不易种植大米的地区，这些都是不可或缺的食物来源。但因为比其他粮食作物需要更多手工作业，尤其是脱粒以及机械调整，所以渐渐地人们就对种植这类杂粮也敬而远之了。不过，人们逐渐认识到了健康及食物多样性保护的价值，专门使用杂粮烹饪的人也增多了。

此外还有一些其他活动，虽然不全是百姓俱乐部主办，但也是在末村和他的伙伴们的参与下开展起来的。其中有一个

"社区养鸡"是和邻居一起养鸡的活动，
这里散养着十多只不同品种的鸡。

叫"社区养鸡"的活动，简单来说就是同一地区的几户人家共同养鸡，分享鸡蛋。支持这个想法的人很多，马上就有三个地区开始尝试。众所周知，如果是植物，几天不管问题也不大，但是动物就不一样了，每天都需要喂食。一个家庭养鸡难度或许有些大，因为总会有需要出差或者一家人要出去旅行的时候，但如果是几家一起养的话，就可以定值班表轮流照顾，时间安排也比较灵活。具体做法虽有些许差异，但

每月两次的生态市集。当地有 20 家左右的有机农户在这里销售早晨刚摘的蔬菜，生产者亲自向消费者介绍自己的蔬菜。通过卖菜与消费者见面，并建立了相互间的联结。（摄影：袴田和彦）

大都很简单，比如一大早，值班的人把家里的剩饭拿去喂鸡，打扫鸡窝，走的时候带走刚下的新鲜鸡蛋，大致就是这样。

在食农主题的活动中，目前最稳定且规模最大的大概就是"生态市集"了。这是由转型藤野的早期核心成员土屋拓人提出的方案，于 2015 年开始开展活动。藤野当地有一家叫"藤野俱乐部"的农业法人团体，他们运营一家生产和销售有机茶的韩式餐厅。我们租用他们的场地举办市集，销售本地有机农户种植和加工的蔬菜和食品。过去，消费者想要买对身体和环境都有益的蔬菜和食品，但是不知道去哪里买；生产者想要将自己种植的有机蔬菜和生产的食品提供给更多当地人，但没有足够的销售渠道。如今，他们终于有机会会聚一堂了，双方都很欢迎这个活动。

以上介绍了百姓俱乐部以及与之相关的一些活动，我认为这些活动的诞生以及之后的发展历程，很好地体现了转型城镇活动的特征。首先，这些绝不是计划出来的活动，相反，它们都是自然发生的。其次，这些活动均由不同的人发起，并且参与的成员也没有完全重复。在被我们称为"社区建设"的活动中，很多时候都是特定的人群聚在一起讨论和规划的，在这一点上，转型城镇与之对比鲜明。

这里介绍的活动，哪些算百姓俱乐部的活动，哪些又不算，并没有一条界限。不仅是百姓俱乐部这样的工作小组的界限模糊，其实整个转型藤野的活动，甚至日本全国各地转型城镇的活动都是这样。对我们而言，并不需要明确地区分，只要这个活动有助于提高本地的韧性，那么大家松散地联结在一起就没什么不可以。明确界限有时候还会引起"排外"，相比之下我们更重视"联合"与"协作"。

乡村里的长屋——里山长屋的实验

对于生活而言，食物和能源必不可少，为我们遮风挡雨的住房也是不可或缺的。关于住房这个主题，并没有一个持续开展活动的工作小组，但是由深度参与转型城镇的人共同建造的"里山长屋"是非常有趣的建筑，我也想介绍给大家。

众所周知，"长屋"是江户时代之后许多城里老百姓居住的建筑，数幢房子以水平方向连在一起，左右共用一堵墙。长屋通常比较适合人多但土地有限的情况，所以在地价较高的城市比较常见。那么，在藤野这样人少地多的地方，建长屋能有什么好处呢？

第一个好处表现在经济上。长屋形式的建筑不仅共用一堵墙，还通过共用厨房、浴室、客厅等空间，让独用空间缩小到最低限度，在一定程度上节省了材料费和建设费。而里山长屋，除了四户独用空间外，还有两间客房作为公共空间供客人住宿，每一户的成本自然更低。此外，大容量的冰箱和洗衣机（现在只有冰箱）也是共用的，购置费用和电费由四户共同分摊。客人原本就很少需要过夜，而洗衣机也不会一直处于使用中，如果每个家庭都要准备客房、洗衣机，实在是有点浪费。

除了共用空间能节省建材、共用家电能节省能源，长屋的第二个好处表现在环境方面，比如和邻居共用墙壁的话，保温隔热效果会更好，这样就能节省热能。

长屋的第三个好处是社会性的。邻里间不仅离得近，还有共用空间，必然就有更多相互接触的机会。大家偶尔还会一起做饭，这被称为"共食"（Common Meal），可以加深彼此的交流。如果在平时就建立起关系，当家里调味料不够时，也比较容易开口问隔壁借而不用开车去买，或者长时间不在家的时候也可以请隔壁帮忙照看一下房间。最重要的是，发生自然灾害或者其他意外事件的时候会比较安心，从这个意义上来说，还有第四个好处——精神上的好处。

里山长屋是从设计建造阶段开始就由业主共同实施的项目，为了削减成本和建立关系，所有事都尽可能自己动手。其中一位业主山田贵宏是环境建筑师，所以设计方面由山田贵宏负责，他会听取其他业主的意见和期望。建造过程中他们自己涂刷土墙，并在专业人士指导下使用日本传统工法编织构成墙体的"竹小舞"（用竹片和草绳编就）。此外，在进行这些工作的时候，他们还召集了一些对传统工法感兴趣的人，用工作坊的形式让大家一同参与。这些工作坊以及整个建造过程同时也在博客上发布，这在一定程度上启发了大家对住房的思考。如果想要详细了解这个项目，可以参考山田贵宏撰写的《里山长屋的乐趣：用生态的方式共享生活》（《里山長屋をたのしむ：エコロジカルにシェアする暮らし》）。作为旁观者，我看到四位业主齐心协力，在不断克服各种困难的过程中变成了"战友"。这个过程就是"社群建设"，也是相互间关系的建立过程，而良好的社群关系是他们今后共同生活所必需的。

介绍藤野电力的时候，我简单提到过在"3·11"大地震第二年我家也新建了房子。其实那座房子和里山长屋一样，也是由山田贵宏设计的，并且和里山长屋就隔了一小片树林。虽然做得不如里山长屋那么彻底，但就住房的转型而言，它在某些地方还是具有划时代意义的。尽管有自吹自擂之嫌，我还是想介绍一下。用一句话说，房子的最大特征就是地产地消。具体来说，就是建材的地产地消、人的地产地消、能源的地产地消。

首先，我们看一下建材的地产地消。我家建房的那块地原本是山林，除了栎树等阔叶树外，还长了很多这一带比较

里山长屋项目中，学过朴门永续设计的四家人共同建造了环境友好的地产地消式住宅。用了大约 3 年的时间，于 2011 年 2 月完工。

少见的落叶松。我请了解树木的人来看了一下，说这些树大多长得又粗又直，十分适合当建材。因此，我决定充分利用这些树木。最终，粗壮的落叶松被用作房屋内外露的主梁，其他种类的树木则用于房子的骨架和露台。此外，我还请了当地的家具设计师，同时也是转型藤野成员的石塚惠美将栎树等阔叶树做成各式家具，如餐桌、椅子、厨房柜、碗厨、鞋箱、书架、书桌等。当然，不是所有的建材和家具都来自

用当地竹子制作"竹小舞"的主题工作坊。包括其他主题的工作坊在内，
和我一起建造房子的人数甚至达到了上百人。

我家地块上的树，有一部分是来自附近山里的树。就尽可能
地使用自己土地上的树木这一点而言，我们可以说是终极的
地产地消了吧！通常像这样的木材，几年后会因为水分蒸发
而变形或者缩小，但是我家完全没有出现这种情况。也许是
因为这些木材原本就长在这块土地上，已经习惯了这里的气
候与风土。这听上去可能有点怪，但在房子建成的时候，我
甚至感受到"树木的喜悦"。

2012 年 12 月，建在里山长屋附近的新家完工了。新家使用同一块土地上自然生长的落叶松来造房梁和框架，并用栎树来做家具。

　　其次，是人的地产地消。我请来建造我家房子的建设方全部都是本地人和本地公司，负责设计的山田贵宏是隔壁里山的居民，担任建设施工的是藤野当地致力于自然建筑的建筑公司。此外，从建筑师、木工，到模板工、管道工、电工、抹灰工、油漆工，以及为我做家具的石塚女士，实际参与建造的全都是本地的工匠。他们到我家的车程很短，很节省能源，更重要的是大家都热爱这片土地，彼此又有联结，所以工作起来既热心又仔细。另外，还有一个地方可以体现人的地产地消，就是我自己也尽可能地动手实践，比如为一部分墙面和露台刷了涂料，还打磨了家具。虽然远不到"自建"的程度，但因为或多或少地参与了新家的建造，我对新房子的爱惜之情也更加强烈了。

最后，是能源的地产地销，分成电和热两方面。其中，关于用电，就像刚才在藤野电力中介绍的那样，我家的太阳能板装在屋顶上，厨房和餐厅等主要区域的用电就来自这里。接下来，我想重点说一下温度，尤其是如何解决取暖的。我们一共用了被动式太阳能、柴炉以及自然风三种制热方法。被动式太阳能是指不用机械，想办法最大限度地获得太阳光。要想房子采光好，房屋的朝向，以及周围有没有遮挡阳光的障碍物非常关键。比如在建造我家房子时，我们让房子尽可能地朝南，同时充分利用旁边树林里的那些高大树木。这些树大多是阔叶树，夏天枝叶繁茂，冬天树叶会落光。也就是说，夏天这些叶子替我遮阳，而冬天叶子掉光后阳光就能照射进来。这样的设计，冬天只要天晴，白天家中就很温暖。关于柴炉，相信不用多作说明——木柴是来自附近的倒木等，然后自己一有时间就劈柴。此外，使用柴炉释放出的热能还具有远红外线加热的效果，所以相比其他取暖设备，它的热既能充满整个房间，还能保持更长时间。自然风是指东京国立市的一家名叫环境创机的公司开发的系统，屋顶上用集热材料收集热能，然后通过管道送到地板下面，冬天的晚上，白天收集的热空气会自动从一楼各个房间地板下设置的通风口送入屋内。更厉害的是，夏天只要按下切换按钮，就能让晚上的冷空气流入屋内。这些努力和创新，不仅让我家不再需要空调，同时也降低了能源的消费以及随之而来的费用。

关注老年福利的健康医疗工作小组

考虑地区韧性的时候，还有一个不可缺少的主题是健康和医疗。我说过，韧性有恢复和再生能力的意思，一个地区的韧性高，其实就是指这个地区是健康的。

这个工作小组是以转型藤野的初创成员之一、在医疗公司里工作的佐佐木博信为核心建立的。我们在 2010 年 5 月邀请本地医疗人员作为讲师，开展了题为"何为健康"的活动，随后又举办了一系列以健康和医疗为主题的演讲会和工

ホスピスケア（人間の尊厳を守るケア）の要点

- 苦痛症状緩和する

- うそをつかない

- チームケア

- ボランティアとの協働

- 死に関する話題を避けない

- 困難状況における自己肯定が出来ずに苦悩している人々へのケア

- 家族ケア（遺族ケア）

作坊。根据佐佐木博信的意见，我们没有频繁地举办这类演讲会，不过但凡举办，我们都会很早开始、认真准备，并且会议规模都会按 100 人以上的较大型演讲会进行策划。

我们也会创办规模稍小一点的工作坊，其中让人印象深刻的是"模拟老人体验"。我们通过在身上安装各种装备来模拟体验年老之后的行动有多不便：戴上特殊的眼镜，体验眼睛看不清的感觉；戴上耳机，体验耳朵听不清的感觉；装上让你膝盖无法弯曲的支撑架和重物让你行走艰难；等。我也参加过这个工作坊，要身穿这些装备从会场所在的老房子的二楼顺着很陡的楼梯走下来是非常困难的，时至今日，我仍然记得当时的恐惧。通过这个工作坊，参与者们（也包括我）不仅认识到了努力保持健康的重要性，并且还培养了大家对社区中的老人的共情力。

从这个时期起，成员们对于和健康、医疗密切相关的福祉，尤其是老年福祉这个主题产生了很大的兴趣。日本的老龄化日益严重，罹患认知障碍或因独居生活而孤立无援的老

上：2016 年 2 月，举办以居家医疗为主题的研讨会。请"护理小镇小平诊疗所"院长山崎章郎做了主题演讲。

下：为迎接即将到来的超老龄化社会而创办的"模拟体验老人"的工作坊。亲身感受戴上特殊眼镜和重物后，自己的动作和判断变得迟钝的状态。

人也在增多，藤野的老龄化也不例外。第1章里介绍的"转型的12个步骤"中有一个"重视老年人"的步骤，那么在这个主题中我们能做些什么呢？为此，我们进行了各种尝试。在这个过程中，诞生了"认知障碍协助者的培养"活动。认知障碍协助者是指那些具备认知障碍相关基本知识和认识，能在自己力所能及的范围内，对当地的认知障碍患者及其家属给予帮助的人。这不是什么特殊的职业和专业技术职称，只要听了90分钟的讲座，任何人都可以获得这个称号。该课程的目的是鼓励人们在日常生活中能给予认知障碍患者更多的理解和帮助。多年来从事认知障碍相关工作的佐佐木博信通过与地区综合支援中心[1]合作，在2013年9月举办了人才培养讲座，共有23人成为认知障碍协助者。

此外，还有一个关于老年福祉的活动，名为"藤野互助会"，主要是根据当地独居老人的要求，派遣事先登记过的志愿者陪老年人说话。这在某种程度上改善了老年人的孤立状态，并尽可能地给予其他帮助。从2015年开始，他们积极地开展志愿者倾听活动，十多名志愿者一年共开展了约50次活动。

---

1 地区支援综合中心：护理保险法规定的，综合开展地区居民保健、福利、医疗的改善，护理预防管理等工作的机关。

第4章

转型城镇在日本的传播

这一章我们将暂时离开藤野，用藤野以外地区的活动为例，为大家介绍迄今为止转型城镇活动在日本全国各地的开展情况。希望大家能够知道，转型城镇不是只在藤野出现的特殊现象，而是日本各地都在不断出现各种丰富多彩且极具当地特色的活动。

"转型日本"的成立

2008 年 6 月，我从英国回到日本后不久，与我的朋友吉田俊郎、山田贵宏、归山宁子一起，成立了名为"转型日本"（Transition Japan）的社团（第二年，即 2009 年 5 月正式注册登记了非营利组织法人）。他们曾在同年 3 月访问芬德霍恩，与我一起聆听了转型城镇活动创始人罗伯·霍普金斯的演讲，并和我一样为之兴奋不已。于是，我们开始在日本推广转型城镇的活动。

像转型日本那样以国家为单位，在全国普及转型城镇活动的团体，被称为"国内枢纽"（National Hub）。"hub"一词原指自行车轮子中央连接钢丝辐条的节点，而国内枢纽则是指作为节点连接一个国家所有转型城镇活动的组织。目前，世界上约有 40 个国内枢纽，其中也包含转型日本。在转型城镇的发祥地英国的托特尼斯还有一个名为"转型网络"（Transition Network）的组织，该组织作为节点连接着世界各地的转型城镇活动，并对各国的国内枢纽提供支援。

像转型日本这样的国内枢纽，主要有四大功能，即普及·启蒙、支持、培训、网络活动。其中，转型日本投入精力最多的是普及·启蒙和网络活动。接下来，我将分别解释各功能的情况，并介绍他们具体开展了哪些工作。

转型·日本

普及·启蒙

"普及·启蒙"是指让更多人知道转型城镇的活动，并鼓励他们在自己的地区尝试这些活动。最开始的时候，我们在东京、大阪、京都、福冈、熊本等大城市分别举办了规模较大的说明会，同时还建立了网站，制作了简单的宣传单。

转型城镇活动的结构

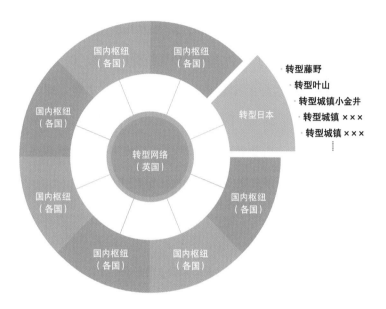

转型日本

· **转型藤野**
· **转型叶山**
· **转型城镇小金井**
· **转型城镇×××**
· **转型城镇×××**
  ⋮

转型日本的功能

根据我的记忆，在这个时期建立起来的转型城镇中，比起通过这种"正式"的途径，更多的案例出自那些和我们的初创成员有直接关系的伙伴，或与朴门、生态村有关的伙伴，他们在"非正式"的对话中对我们的理念产生了共鸣，继而在自己居住的地区发起了转型城镇。

同时，我们感到有必要让那些对转型城镇感兴趣的人进一步了解它的内核，因此决定翻译出版创始人罗伯·霍布金斯撰写的《转型手册》。幸运的是，我们很快就找到了出版社，也通过出版社找到了翻译，但这之后。译者不太了解转型城镇——这很正常。于是，需要先由我们翻译出草稿。这本书相当厚，大家翻译得很辛苦，几乎到了约定的期限才勉强完成。后来又因为出版社的问题，出版的时间一而再地延期，前后花了大约 4 年的时间才最终得以发行面市。这本书一举成为日语书里关于转型城镇最为详细的资料。在此之后，还有一篇约 60 页的文章总结了转型城镇的重点内容，这篇文章也被翻译成了日文，题为《转型必备指南》(《トランジションのためのエッセンシャル・ガイド》)，并刊登在转型城镇的官网上。

类似的还有英国转型网络制作的时长 1 小时左右的纪录

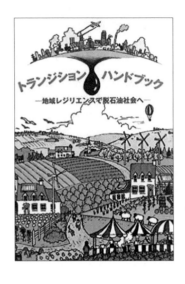

《转型手册》
罗伯·霍布金斯著
城川桂子译
（第三书馆，2013 年）

片《转型 2.0》(*In Transition 2.0*)，我们为此建立了项目小组，招募志愿者为纪录片配了日语字幕。此外，长期担任转型日本理事，同时也是转型城镇小金井现任代表的梶间阳一，还制作了很多介绍日本转型城镇活动的影像并在网上发表。梶间是职业影像作家，代表作有《转型人生》(《トランジションを生きる》)。

2011 年 5 月，在日本开展转型城镇活动的基础已经基本打好，明治学院大学国际学部的教授平山惠也是一位关心、理解和支持我们活动的朋友，在其好意帮助下，我们在该校礼堂举办了 200 人规模的"第一届转型城镇研讨会"。这次

2011 年 5 月在明治学院大学举办的"转型城镇研讨会"。
当天约 200 名参会者济济一堂，气氛热烈。

研讨会的内容以介绍转型城镇以及邀请嘉宾进行主题演讲为
主。在此之后，我们几乎每年都会举办研讨会，因为日本各
地的转型城镇活动越来越红火，内容增加了对各地案例的介
绍、实践者的座谈会以及摊位展示会等，并且活动的形式也
变得更为丰富。最近，我们还经常受邀去其他机构的活动上
发言，接受媒体采访。作为"普及·启蒙"活动的一部分，
我们通常都会积极地回应这些邀约。

2013 年 3 月在镰仓举办的转型城镇全体会议，50 多人参加，大家
互相汇报活动情况，互相鼓励。

支持

"支持"指的是为想在本地区开展转型城镇活动的人当
参谋，或亲自到当地举办说明会等支持方式。这里所说的支
持，我们考虑的主要是在成立转型城镇时给予一些帮助，除
此之外还有传授组织活动的经验，介绍适合参考的活动案
例，根据对方需要提供各种信息，等等。

在这些支持活动中，转型日本投入精力最多的是"转型城镇全体会议"。这是从 2010 年起，我们几乎每年都举办的线下活动，供日本全国各地开展转型城镇活动的地区在这里相互分享活动报告、讨论共同的课题，以及寻求参谋和帮助。

此外，我们还举办了"气候变化讨论会"，在线上为大家提供交换信息的机会，让彼此相互了解各地在开展哪些关于气候变化的工作，参加者不限于转型城镇的伙伴。另外，还有一些间接的支持，比如在转型日本的宣传册或者网站上介绍目前在日本开展活动的各种转型城镇案例，使更多人了解各地的活动情况，对大家从侧面进行支持。

培训

第三个功能是"培训"，主要为那些想在本地区开展转型城镇活动的人举办为期两天的"转型培训"，学习开展活动所需要的知识和技能。

具体内容是从第 1 章"转型的 12 个步骤"及活动案例等有关"怎么做"（DOING）开始，到我们将在第 5 章介绍的

"内在转型"，也就是关于转型城镇的活动方针和活动理念等"是什么"（BEING），网罗了有关转型城镇活动的所有基本内容，并且都是经过精心设计、以工作坊的形式开展的体验式学习课程。

在转型日本开始活动后的第二年，也就是2009年的3月，我们从英国邀请了转型网络及转型托特尼斯的创始人，同时也是转型培训的设计者纳雷什·詹格兰德（Naresh Giangrande）和苏菲·班克斯（Sophy Banks）在神奈川县的叶山举办转型培训，并且还在藤野举办了培训师的培训，培养今后能开展培训的人才。此后，由转型日本的成员作为培训师开展的转型培训（现在在日本被称为"转型合宿"）在日本各地举办了十多次。这个培训很受学员欢迎，有学员说出了这样的感想："这门课看上去是把焦点放在环境，但其实关注的是每个人的人生观，这让我把它当作自己的事来看待，并且不是说教式的内容也让人感受很好。"

上：2016年1月在藤野举办了为期两天的转型合宿。18名参加者通过各种活动，体验式地学习什么是转型城镇。

下：这是转型合宿的宣传单。从中可以看到大致的活动内容。

トランジションタウンのことを、もっと知りたい！

トランジション合宿（TT 合宿）は、
現在みなさまが行っているさまざまな活動を、より活発にしていく方
法や、市民活動が陥ってしまいがちな問題をクリアする方法、
創造的なチームビルディングの作りかたや、
運営に関わる人やグループ内での心のケアなど、
活動を進めていく上での疑問などに応えるワークショップ形式のプロ
グラムです。

活動を続ける中で出てくる問題等は、実は多くの方々も感じている普
遍的な問題だったりします。

具体的に実践に即したノウハウやスキルを深く学び、みなさまのこれ
からの活動に役立ててもらいたいと、環境活動家やセラピストたちに
よって創り出された、さまざまなプログラムが用意されています。

日時 **2016年1月23日（土）・24日（日）**
　　　　現地集合　　23日（土）12:30
　　　　解散　　　　24日（日）17:00
場所 **無形の家**（神奈川県相模原市緑区名倉 3743）
費用 **24000円**（食費3食・宿泊費・資料代含む）
定員 **24名**（催行最少人数12名）
　　　　アクセス　JR中央本線藤野駅からバスで15分、徒歩50分。
　　　　　（車で来られる方、乗り合わせで来られる方は ご相談ください。）
お申し込みは下記よりお願いします。
http://www.kokucheese.com/event/index/346215/
トランジションジャパンのHP　http://transition-japan.net/
お問い合せ　transitionjapan@gmail.com

> **トランジション・タウンとは**
> 市民が自らの創造力を発揮しながら、地域の底力を高めるための、
> 実践的な提案活動
> ～無機的な依存から、有機的な相互依存へ。つながりをとりもどし、
> コミュニティの力で、安心できる地域、暮らしを。
> 地域にあったやりかたで楽しく実践、実験する活動です。

■**プログラムについて**
・　現代社会の抱える問題とその背景は？
・　グループの始め方、あり方、進むグループがたどるステージについて
・　ビジョンの描き方
・　コミュニティーを巻き込むためのノウハウ
・　そもそもこのような持続不可能な社会になった根本はどこから来たのか？
・　大転換の時代を迎え新しい目でこの世界観を見る為のワークショップ
・　効果的なグループの話し合いの方法
　　　（ワールドカフェ、オープンスペーステクノロジーを用いて）

～参加される方へ～
・　2日間、通して参加できるかたが対象です。（日帰りでの参加もできます）
・　食事とお茶は用意しますが、おやつ等は各自お持ちください。
・　宿泊は相部屋です。
※2日目終了後、懇親会を行いますのでご参加ください。（参加自由、費用は各自負担）
～TJのHPも参考に！～
過去の参加者の感想も掲載しています。是非こちらもご参照ください。
http://transition-japan.com/wp/ 合宿

■**プログラム・ファシリテーター紹介**
吉田俊郎（よしだしゅんろう）
1960年生まれ。外資系医療機器メーカー退社後2008年にパーマカ
ルチャーの仲間とイギリスでトランジションの研修受講後、トランジ
ション・ジャパンを立ち上げる。
2011年に自然と共に今ここを生きるための湘南藤野に移住。
家作りをしながらエネルギーの自給（オフグリッド）、米、野菜など
食べ物の自給を目指しながら地域で仲間とトランジション・タウン南
阿蘇で地域通貨パカラ、シネマ倶楽部、自然エネルギーで世界農業
遺産マルシェ、たねの保存の泡などの活動を山仕事に従事。
2013年　季刊誌「九州の食卓」で　地域自足　暮らしを
出版。NPO法人トランジション・ジャパン共同代表

小山宮佳江（こやまみやえ）
地に足がついた生活に憧れ、自然と調和した暮らしの手がかりとし
て、2008年にパーマカルチャーセンタージャパン安曇野の自然農
塾で学び、2009年藤野に移住。トランジション藤野や藤野地域の活
動に関わる。内なるトランジションに重きを置き、活動の持続性や、
種をまくこと、情報発信を積極的に行っている。
NPO法人トランジション・ジャパン共同代表
どこでもGAIA～地球に暮らす
http://docodemogaia.blog.fc2.com/

主催：特定非営利活動法人トランジション・ジャパン

网络活动

转型日本功能的最后一项是"网络活动",大致分为三类。第一类是日本转型城镇伙伴的网络活动,让已经在开展活动的伙伴相互交流、交换信息,从中获得勇气与启发,并将之运用到今后的活动中。活动早期,我们曾每年夏天举办一次"转型夏日祭",以转型城镇活动比较活跃的地方为会场,就像夏日庙会那样。我们请来自日本各地的伙伴介绍各自的活动情况,摆摊展示各自活动的介绍资料以及物产,举办供大家相互学习的演示会或者工作坊等。因为是节庆活动,所以不时还会有唱歌跳舞,大家在热闹的气氛中共同度过 1~2 天的时间。第一届是 2009 年 8 月在小金井举办的,往后几届分别是在山梨县的都留、神奈川县的藤野、熊本县的南阿苏、静冈县的浜松、长野县的上田等地。最近,我们又建立了不用集中到一起也能相互交流的机制,即大致每月一次的线上"转型者集会"。

上:2010 年 8 月,在山梨县的都留举办的转型夏日祭。大约有 60 人从日本各地来到这次活动。大家在绿意盎然、令人心旷神怡的户外举办座谈会,一同野炊。
下:2018 年更新的宣传册。介绍了日本国内开展活动的转型城镇案例。

第二类网络活动是与其他国家开展转型城镇活动的伙伴进行跨国交流并交换信息。具体来说就是尽量出席转型网络每隔数年举办一次的"转型大会"和"国内枢纽会议"，并将在那里获得的信息传递给日本各地的转型城镇。其中，转型大会是一个数百人规模的线下活动，原则上，只要对转型城镇感兴趣，任何人都可以参加；而国内枢纽会议则是转型日本这类各国国内枢纽的代表参加的线上会议。这几年，亚洲各国对转型城镇的关注越来越多，而率先开始活动的转型日本正作为核心，努力建设和加强亚洲的网络。转型日本的成员已经多次举办该网络成员的线上会议，我们还曾去中国和韩国等国家举办说明会和交流会。

第三类网络活动是与其他以创造可持续未来为目的开展活动的团体联合。我在英国生活的时候，几乎在遇到转型城镇的同一时期，遇到了在美国发起的一项全球范围的市民运

上：2017 年 6 月，在韩国介绍日本的转型城镇活动。自此开始了与韩国转型城镇的交流。

下：2017 年 8 月，参加"朴门节"。转型城镇最早以朴门的理念为基础，两者有很大的交集。

动，名为"改变梦想"[1]。我回到日本后，为了和转型城镇一起推广这个活动，还成立了名为"七世代"[2]的团体（2011年3月正式注册登记了非营利组织法人）。和我一样同时参与双方活动的成员也不少，可以说，这两个组织就像姐妹团体一样联系紧密，并且相互间还有一定的合作。此外，我在序章中也提到过，转型城镇是以朴门理念为基础的，因此我们也会和日本推广朴门永续农业设计的 PCCJ 通过合办活动等方式互动合作。其实，PCCJ 的总部就在藤野，包括我在内的转型日本初创成员几乎都是 PCCJ 的毕业生，这也是我们合作的背景之一。此外，我们还作为运营委员，参与策划"东京地球日""土与和平的祭奠""幸福经济国际论坛"等具有影响力的大型活动，并协助组织和布展。

---

[1] "改变梦想"（Change the Dream）是 2005 年美国非营利组织"地球妈妈联合会"（The Pachamama Alliance）开发的课程名称，同时也是以该课程为中心开展的同名市民运动的总称。目的是"让地球上的每个人都能实现环境可持续、社会公正、精神充实的生活方式"。

[2] "七世代"（Seven Generation），一个非营利组织，是由一群自 2009 年以来一直致力于倡导环境可持续、社会公正和精神充实的生活方式的活动家们组成的社群。"七世代"是美国原住民的习俗，在做一个决定的时候，他们总是会考虑到它对七代之后子孙的影响。"七世代"还包含"创造七样东西"的意思，表达了想要通过这些活动创造"意识、智慧、联结、愿景、行动、勇气和希望"七样东西，以及将一个可持续和公正的世界传给后代的愿望。

日本的转型城镇已扩展到 60 多个地区

通过上述活动，转型城镇在日本的传播情况究竟如何呢？该活动 2008 年从最初的藤野、叶山和小金井这三个地区开始，目前已经扩大到日本的 60 多个地区。活动仍然集中在关东及周边地区，但其实际影响已经覆盖整个日本了。其中，有些转型城镇虽然成立了，但却因为各种原因没有持续开展活动。总体来看，在我们开展活动以来的十几年里，发展还是比较顺利的。

2011 年的"3·11"大地震成了最大的转折点。在那之前，当我们在说明会上呼吁市民要齐心协力提高自己所在地区的韧性时，常有人提出疑问："我现在的生活又没什么问题，为什么要费力去做这些麻烦的事呢？"但大地震之后，大家的"为什么"变成了"怎么做"，"现在我们知道了提高地区韧性的重要性，但具体要怎么做呢？"其实，在最初的三年里，转型城镇的传播只局限于那些原本就很关心这个主题，以及通过朴门或生态村等网络已经和转型日本的成员有所联结的人之间，这就使得转型城镇的扩展很慢，甚至基本处于停滞不前的状态。但是地震之后，一些以前几乎

转型城镇正在日本约 60 个
地区开展活动

日本の
トランジション
タウン一覧

北海道
トランジション蝦夷
トランジション・タウン札幌
東北
TT 農的暮らし研究所（山形・庄内）
トランジションタウン宮城
トランジションふくしま
トランジション磐梯山
関東
トランジションタウン那須
トランジションタウン栃の木
株式会社あめつち舎
トランジションわたらせ
トランジションタウン越谷
トランジションタウン宮代
トランジションタウンつだぬま
トランジションタウン高麗
トランジションタウンかずさ（木更津）
TT いすみ
トランジション・タウン鴨川
一般社団法人 カンパニア
トランジション・タウン文京
トランジション世田谷 茶沢会
トランジションタウン小金井
トランジションタウン府中
とらんじしょん昭島
トランジション・タウンたま

トランジションタウンまちだ・さがみ
相模湖里山暮らしの会 ち―むゴエモン
トランジション藤野
トランジションタウンよこはま
洋光台もちよる暮らしをつくる会
トランジション・タウン・鎌倉
トランジション藤沢
エコミュージアム日本村
（トランジション小菅）
中部
上田地域通貨「蚕都くらぶ・ま～ゆ」
トランジションタウン安曇
トランジションタウン伊豆
トランジションタウン浜松
トランジションタウン豊橋
トランジションタウンかさはら
トランジションタウン岐阜
トランジションタウン鈴鹿
愛知アーバンパーマカルチャー
トランジション・ヴィレッジ氷見
関西
トランジションタウン京都
トランジションなら
～種つながりの仲間たち
トランジション R171
トランジション川西
あしたの暮らし とよなか

トランジション・タウン大阪★豊崎宮
トランジション泉州
NPO 法人はち/
トランジションタウン尼崎
トランジション宝塚
トランジション西宮
トランジションタウン神戸
四国・中国
トランジションタウン綾川
トランジション四万十
トランジションひろしま
九州・沖縄
トランジション・タウン糸島
トランジション・タウン南阿蘇
トランジションタウン長崎
トランジションタウン
森の麓（ひこばえ）
オ―ガニックいとまん chu
トランジション石垣
トランジション アイランド西表

没有联系的人开始向我们咨询，转型城镇的数量也一下子增加了。

转型城镇活动的有趣之处就在于，当地的资源会对活动的具体内容产生很大影响。举个简单的例子，农村地区的转型城镇有着丰富的自然和传统文化资源，而都市的转型城镇则有着丰富的人才和信息资源。这些多样的"食材"再通过该地区居民自身的"创造力"（另一种资源）进行"烹饪"后，就能形成每个转型城镇自己的"味道"。日语里有一个词叫"十人十色"，而转型城镇正可谓"十镇十色"。

本书主要介绍了我直接参与的神奈川县藤野的转型城镇活动，接下来，我还想介绍一些其他地区开展的活动以及各自的特征。

日本转型城镇的元老

与藤野几乎同时成立转型城镇的，还有神奈川县的叶山以及东京的小金井，这三个地区可以说是日本转型城镇的"元老"。和我一起建立转型日本的吉田俊郎（现住熊本县阿苏村）和归山宁子（现住埼玉县埼玉市）当时住在叶山，而英国人保罗·谢帕德（Paul Shepherd）（现住千叶县船桥市）当时住在小金井，他和我们正好在同一时期知道了转型城镇，只是途径不同。

当保罗回自己位于英国南部的城市埃克塞特的故乡探亲的时候，偶然在书店里看到了《转型手册》一书，并因此受到启发，想着要在自己生活的日本也开展这个活动，于是他去拜访了离埃克塞特不远的托特尼斯转型网络办公室。神奇的是，他碰巧在那里听说有几个日本人和他有同样的想法并打算开展活动，于是他立刻联系了我们。就这样，我们当场一拍即合，保罗成为转型日本的新成员，同时也在自己所居住的小金井市开始开展活动。

● 转型叶山

"转型叶山"（简称"TT叶山"）在其初期阶段，有一个叫"杂鱼日"的活动，如实地反映了"当地资源会对活动的具体内容产生很大影响"。说到叶山的资源最先想到就是海，当然也包括海里捕到的鱼，然而捕到的大部分是所谓的"杂鱼"，一般卖不掉，只能扔掉。然而，只要用心烹饪，大部分杂鱼也能被做成好吃的菜肴。于是，在当地渔民的帮助

上：杂鱼日的现场。活动上，这些不被市场接受的杂鱼被烹煮成美食。当地渔民现场教授烹饪方法，并向参与者提供试吃机会。

下："微生物 de 消失"工作坊上正在制作由叶山市居民开发的利用自然发酵机制作处理厨余垃圾的装置，现在已经遍布日本。

下，转型叶山举办了名为"杂鱼日"的全日活动，为大家介绍各种杂鱼的烹饪方法，同时还现场展示，请参加者试吃。可以说，这是拥有丰富海洋资源的叶山才能策划出的特色活动。

除了像上述那样充分利用各种被浪费的资源，转型叶山还致力于开展减少垃圾的活动。他们曾邀请德岛县上胜町的一位前职员来做演讲，与当地市民一起思考垃圾问题。上胜町当时在应对垃圾问题上领先于其他地区，也是日本最早提出"零废弃"宣言的地区。此外，叶山市民还利用自然发酵原理开发了厨余垃圾处理器，并创办了"微生物 de 消失"工作坊。在日本，厨余垃圾占可燃垃圾的 40%~60%，而如何处理这些垃圾在任何地区都是一个难题。因此，这种方法如果能得到推行的话，垃圾处理就可以不必完全依赖地方自治体了。通过呼吁大家进行"家中处理"，垃圾处理费用就能大幅减少。后来这个活动就发展成由叶山町行政部门主导的项目，短短几年内垃圾处理的成本降低了 1 亿日元以上，成果斐然。

● 转型城镇小金井

位于东京西部的小金井市是一个 12 万人口的"卧城"（bedroom town，城郊居住区）。对于转型城镇活动而言，这个规模可能太大了，因此小金井的转型城镇最初是以发起人保罗所在的小金井市绿町为目标地区开始活动的。他们最早举办的活动是石油峰值主题的纪录片放映会暨演讲会。他们用类似游击战的方式开展宣传工作，例如把活动的海报张贴在街道的宣传栏里或夹在当地的社区报里，甚至还到车站前直接派发。因为这些努力，他们的活动渐渐地得到人们的认同，参与的人也越来越多，其中包括绿町以外的小金井市民。由此，他们开始以"转型城镇小金井"（简称"TT 小金井"）的名称持续开展活动。

保罗对于石油峰值问题有着浓厚的兴趣，因此转型小金井的一大特征就是许多项目都与削减能源消费有关：名为"不怕风不怕雨样板房"（现在是小金井市环境乐习馆）的低能耗住宅建设项目；在附近国分寺开设了多功能餐厅"慢咖啡"，并建立了市民参与的"慢咖啡发电所项目"。该项目众筹到约 200 万日元，成功地将该餐厅进行了部分离网发电改装。这是他们的另一个特征：这些项目不是 TT 小金井单独

上：为国分寺的咖啡餐厅进行离网改装的"慢咖啡发电所项目"。在藤野电力的协助下，在屋顶安装了 2000 瓦的太阳能板。

下：人们正在位于小金井市内的东京学艺大学校园内的稻田里插秧。年末还用收获的糯米举办了打年糕大会。

发起，而是与小金井市的其他团体联合发起的。

说到与其他团体合作、联合，最近他们正在积极地与当地的东京学艺大学进行合作和联合。他们利用大学校园里的农田培育作物，年末时，用收上来的糯米举办打年糕大会，有时还会利用大学的设施举办参加者自带食物分享的聚餐活动以及放映会。

"火星飞溅"带来的转型城镇

在研究转型城镇在日本的传播方式时，我发现一种可以用"火星飞溅"来形容的情况。这是指某个地区开展的转型城镇活动如火星般向四周飞散，影响并带动周边地区的现象。地理位置临近的话，人与人的交流就会增多，像"隔壁××町在做转型城镇，好像很热闹呢！"这样的传闻很容易就被传开，并且因为离得近，人们如果想去看看活动的情况也可以很快赶到现场。像这样接触到近邻的转型城镇信息和活动后，人们可能会想："看上去很有趣，我们这里也做做看吧！"作为例子，我将介绍在神奈川县的相模湖以及同属神奈川县的镰仓所开展的活动。

• 五右卫门小队

藤野转型城镇活动飞溅出的火星首先影响的是 2009 年春天在相模湖成立的"五右卫门小队"（正式名称是"相模湖里山生活会五右卫门小队"）。之所以叫"五右卫门"，是因为该活动是从老房子里被扔掉的一个"五右卫门浴缸"开始的。大家觉得扔掉太可惜，就把浴缸搬到之后成为核心成员的白水敦子家的后院。其实，就像"五右卫门小队"那样，团体名称不是一定要冠上"转型"这个词的。我们认为，只要具有提高地区韧性这个共同目标，以同样的理念开展活动，大家就是伙伴。总之，比起活动的名称，它的内容更重要。

因为五右卫门小队在地理位置上离藤野很近，所以我们常会一起开展一些主题活动。比如，五右卫门小队的成员大多数都是社区货币万屋的会员，而藤野电力的核心成员铃木

左上：搬到白水家院子里的"五右卫门浴缸"。这也是"五右卫门小队"名字的由来。

右上：制作酱油的原料曲。用自制替代购买，这也体现了他们的极致追求。

下：榨酱油。将发酵好的原料放进"船"（照片中央像机床一样的部分）里然后榨出来。

俊太郎就住在相模湖，他同时也是五右卫门小队的成员。像这样可以共享资源，也是转型城镇活动向近邻地区传播所带来的另一个好处。

五右卫门小队的活动有一大特征，就是他们所开展的提高食物方面韧性的活动异常丰富且进行得非常彻底。比如制作酱油，他们所使用的是通过无农药、无化肥方式种植出来的大豆和小麦，并且是从酱油的原料曲（麹）开始做的。还有味增、乌冬面、豆腐和纳豆等，也都是在专业人士的帮助下自己制作的。此外，他们还从朋友那里得到了著名的已故自然农法倡导人福冈正信先生传下来的"古代米"的种子，自己从头开始种植，并用种出来的米在过年时一起打年糕。

五右卫门小队另一个很有特点的活动，是以白水女士的丈夫，研究山村历史的日本史学家白水智先生为中心，每月举办一次"当地古籍读书会"。在这个读书会上，大家一起阅读某大学博物馆保管的当地的古籍，从中了解两三百年前这个地区发生的事情以及人们的生活样貌，并且他们还得到了世代居住在这里的人们的帮助，因此每次活动都举办得十分充实。两三百年前，日本正处于江户时代，众所周知，当时的日本人正过着世界史上十分罕见的高韧性生活，而了解那时住在该地区的人们过着怎样的生活，对于今后进一步提高该地区的韧性也会有很大帮助。

● 转型镰仓

镰仓作为叶山的近邻，也是较早建立转型城镇的地区。"点火"之人是生在镰仓、长在镰仓的宇治香。宇治香在20多年前就开始经营这家位于JR镰仓站附近的名为"SÔNGBÉ咖啡"的咖啡馆。当她看到养育自己的古都镰仓，其美丽风景因为开发而遭到破坏时，她开始思考"自己能为这里做些什么？"因此，在她听说了转型叶山的活动后，立刻知道，"就是'你'了！"

"转型镰仓"的活动特征是特别看重用自己的双脚在街上行走，去亲自接触和感受街道。在"镰仓寻宝"的活动中，宇治香自己当导游，从自然、历史、文化、环境问题等各个角度引导人们游览镰仓。结束后，她会请大家将各自在街道上的所见所感，总结到一张手绘地图上，希望通过这样的方式让镰仓的资源可视化。这个活动从2009年12月开始，每月举办一次，至今已经超过140次了。真是令人惊讶的数字。

上："镰仓寻宝"结束后，参加者一
　　起完成的手绘地图。通过描绘
　　地图，让地区资源"可视化"。
　　（摄影：浅见杏太郎）

下：2012年1月举办的"镰仓无钱
　　旅行"的宣传单，在这一天，
　　参加者身上不带钱去逛街，通
　　过在商店里的各种互动，意识
　　到自己平时对金钱的依赖。

此外，名为"镰仓无钱旅行"的活动同样也是从 2009 年起，每年举办一次。在这个活动中，他们还得到了镰仓其他商店的协助，当活动参加者来这些店挑选商品的时候，商店不要求对方付钱，而是请参加者按自己的心意提供物品或者服务，比如参加者可以唱歌、跳舞，或者帮忙招揽客人等，并以这种方式在镰仓旅行。像这样，有意不去使用钱这种大家平时理所当然地使用的便利工具，宇治希望通过这样的体验，让参加者意识到自己平时对钱的依赖，以及当摆脱这种依赖时自己将看到的景色。

本着同样的理念，我们还组织了"数字排毒之旅"，让游客在不依赖智能手机等数字设备的情况下游览镰仓的自然风光和古寺。旅行的目的是让参加者能够自然而然地打开感官，只靠路边的指示牌和路人的帮助就能到达目的地，或者在途中停留的古寺中冥想，体会到使用自己的身心，花费时间和精力的感觉有多好。

地方发起的转型城镇

到目前为止介绍的转型城镇全部都是东京、神奈川等关东地区的案例，因此我还想介绍一些在其他地方开展的具有自己活动特点的转型城镇。接下来，我们看看在静冈县的浜松和熊本县的南阿苏开展的活动吧。

● 转型城镇浜松

"转型城镇浜松"（简称"TT 浜松"）是 2010 年 9 月在大村淳的呼吁下成立的。在海外游历的过程中，大村淳爱上了与自然和谐相处的生活方式，这使得他回到故乡浜松去追求这样的生活。大村淳在朴门方面的造诣很深，相关主题的项目成了 TT 浜松活动的核心，而这也是其特色。

其特色之一是"森林花园"项目。森林花园是以自然界中生态系统最为丰富的"年轻的森林"为模型，种植果实可食用的树木和花草，不用农药而是利用虫鸟的作用来进行种

上：培育"可食森林"的森林花园项目。5 年里栽种了 150 种以上的植物。
下：菊川市菊川西中学的学生在校园内开辟的朴门教育农田，自 2017 年开始实施。这里种植的蔬菜还被提供给当地社区和其他学校。

植的菜园，培育"可食森林"是这个项目的目标。森林花园位于距离 JR 浜松站 30 分钟巴士车程的住宅区中的一角，原本的弃耕地和野生化的杂木林得到精心打理，五年间一共种植了 150 种以上的植物，其中包括根据气候变化趋势而种植的牛油果和香蕉等热带植物。这里每月开展一次"劳动日"活动，每次约有 15 人参加，大家一起挥洒汗水种植花木，同时还按季节开展采山菜、摘蓝莓等一系列活动，以此让人们感受森林培育和园艺的乐趣。

另一个与朴门有关的活动是在公立中学里实践朴门教育。位于静冈县西部的菊川市菊川西中学从 2017 年起就在综合学习时间里开展朴门教育，而 TT 浜松参与了该课程的设计并向学校派遣了讲师。有一次，该校的一位老师参加了 TT 浜松开展的活动。当时该校正在开展名为"职业乡育"的活动，目的是让学生了解家乡的魅力，培养长大后为家乡而工作的志向。老师找到 TT 浜松，希望他们能够帮助学校将既是朴门精神同时也是转型城镇基础的"充分利用自然和人这些当地的资源"这一理念融入学校的活动。作为这项教育活动的一环，"百笑俱乐部"的学生在校园里种植和管理自己的菜地，通过不使用农药和化肥的自然栽培方式种植各种蔬菜，并将收获的红薯做成甜品在当地的活动售卖，此外还为其他中学提供洋葱作为午餐的食材……这些活动意外地超出了学校的课程范围，与当地社区以及其他学校产生了联结。就教育转型而言，这也是一项非常有趣的活动。

● 转型城镇南阿苏

熊本县东北部的阿苏山火山口被誉为世界最大的破火山口之一。"转型城镇南阿苏"（简称"TT 南阿苏"）从 2009 年开始就在南阿苏地区开展活动。创始人山口次郎在该地区运营的"阿苏乡土学校"，致力于为人们提供学习传统生活智慧和文化的机会。

我们在 TT 南阿苏的活动中可以看到，他们的特点是以自然灾害为契机，发起了很多以"食农"为主题的交流活动。熊本县近年来连续发生了多起严重的自然灾害，例如 2012 年 7 月发生了严重的水灾，2016 年 4 月发生了熊本地震，同年 10 月阿苏山又发生火山爆发，等等，这些灾害导致当地农户遭受了巨大的损失。为此，转型南阿苏在 2013 年和 2014 年策划了"世界农业遗产市集"，2017 年策划了"南阿苏农夫市集"。他们还长期致力于在"有机种植与自然

接连不断发生的自然灾害给当地农户造成了巨大的损失，为了支援他们，2017 年组织了南阿苏农夫市集。

栽培的小农"和"寻求健康食材的当地消费者"之间建立连接，促进他们的交流。为了不让当地老品种蔬菜消失，他们建立了"留种俱乐部"，向种植这些蔬菜的农户学习留种方法，并尝试进行播种和栽培。不仅如此，他们为了帮助那些身陷困境的农户，还利用日本的转型城镇网络开展销售支援活动，呼吁大家来购买他们的作物产品。

每月一次"Dora 祭"专用的纸币型社区货币"Dora"。纸面设计
使用了当地孩子们作的画。

　　这些活动不断发展，最近他们又导入了名为"Dora"（で
～ら）的社区货币，并且每月举办一次"Dora 祭"。"Dora"
来自阿苏的象征"caldera"（破火山口）一词，和藤野的万
屋不同，这是纸币型社区货币，原则上只能在每月一次的
"Dora 祭"上使用。尽管如此，很多人还是愿意用日元兑换
"Dora"，因为使用当地货币可以支持在节日上摆摊的当地食
品和农业社区。

联结已有活动的转型城镇

目前在日本开展活动的转型城镇中，有些组织并不是新建立的，而是已有自己的活动在开展。他们的发展方向及主要理念与转型城镇非常接近，所以决定加入我们的网络。作为例子，我想在这里介绍长野县上田的"蚕都俱乐部·茧"（蚕都くらぶ·ま～ゆ）和三重县铃鹿的"As One Community"（アズワン·コミュニティ）。在转型城镇的活动中，我们最重视的就是依靠市民力量去创造可持续、高韧性的地区，只要目的一样，活动名称和活动起因并没有那么重要。

• 蚕都俱乐部·茧

长野县上田市的"蚕都俱乐部·茧"成立于 2001 年，以存折型社区货币"茧"（ま～ゆ）为媒介，促进当地丰富的自然资源以及当地居民的智慧、技术、时间和个性等的交流，以此加深人与人的联结，创建一个生活愉快舒适、自立且可持续的地区。说起团体名称的由来，上田在过去是日本著名的蚕卵、养蚕以及纺丝的中心，被称为"蚕都上田"，而"ま～ゆ"就是从"茧"的发音（Ma～yu）而来。

"茧"的一个活动特色就是充分利用当地的传统。典型的例子就是自 2013 年开始，他们开展了 3 年的"大家的家"项目，利用上田市的资助，将室贺地区一座过去是豆腐店的 65 年的老房子进行改造，变成了以"茧"的成员为中心开展在地交流活动的空间。让人惊讶的是，从项目的策划、设计到实际改造，最大限度地采用了成员们各自的智慧和技术，几乎靠自己的力量完成了整个工程。具体来说，除了"造土间"[1] "造下屋"[2] "刷墙" "铺地板" "做天花板" "贴移门纸和做门窗" "做小窗" "装修厨房" 等与建筑本身相关的工作，还有 "安装生活排水净化系统" "制作生态厕所和堆肥箱" "制作雨水收集箱" "制作火箭炉" "水井再生" "制作比萨窑" "扎竹篱笆" 等与可持续生活所需要的各种设备以及相关的建造工作，每种作业都会组织 1~2 天的工作坊，前后参与者超过了 600 人。

　　机构代表安井启子说："很多人都参与了房子的建造，所以大家对这里的感情很深，比如他们会说'这块地板是我铺的''这面墙是我刷的'，还会说'来这里集会时，就像回

1　土间：可以穿着鞋在其中走动的房间。——译者注

2　下屋：比主屋房檐低一层的玄关或者小房间的房檐。——译者注

2013 年开始，用了大约 3 年的时间完成了当地古民居改造的
"大家的家项目"。所有的作业几乎都是靠大家自己的力量完成。

到自己家一样，没有到别人家做客的感觉'。"就像这里的名
字一样，这里是"大家的家"。在 2015 年 4 月开业的"大家
的家"，每月 20 日举办"茧 20 日市集·咖啡馆"，大家一起
做午饭、就餐，有时还会举办音乐会或者陶艺课，并且除了
用于交流，这里还会用作小型商业的活动空间，销售成员们
自己做的香草茶、木制玩具以及用地产面粉做的面包。

2015 年 4 月开业的"大家的家",每月在这里举办一次"茧 20 日市集·咖啡馆",除了供大家一起做午餐、吃饭外,还被作为交流空间和商业活动的空间加以利用。

• As One 铃鹿社区

成立于 2001 年的"As One 铃鹿社区"是建设"As One = 同一个世界"理想社会的实践活动。As One 铃鹿社区位于三重县北部的铃鹿市,那里有世界闻名同时也是日本重要赛道之一的铃鹿赛车场。近年来,这座占地面积 1.5 平方千米、人口约 20 万的城市已成为日本赛车运动的圣地。在这里,大

无偿供应食品和日用品的"社区空间 JOY",实现了
不以金钱为媒介的"礼物经济"。

约有 200 名赞同"As One"愿景的人,他们就生活在普通市
民中间。

"As One"的最大特征是他们所运营的多个社区企业非
常灵活地共存在各种联结之中。比如,年轻人建立了名为
"铃鹿农场"的公司,开展扎根于当地的农业,将一部分自
己生产的、安全的、让人放心的大米和蔬菜放在"社区空间
JOY"无偿提供给社区。社区空间 JOY 也像便利店一样供

"妈妈的便当"是 As One 铃鹿社区运营的社区企业之一。这里不依靠规则、命令或是上下级关系，所有事情都由大家一起商量决定。

应食品和日用品，但不同的是，店里的商品全都是像铃鹿农场的大米和蔬菜一样是无偿提供的，客人可以根据自己的需要拿取，不用付钱。这实现了不需要金钱作为媒介的"礼物经济"。

社区空间 JOY 货架上有名为"妈妈的便当"的盒饭店免费提供的盒饭。妈妈的便当也是 As One 铃鹿社区运营的社区商店之一，看上去是一家普通的盒饭店，但他们的运营方式比较特别，60多名员工不依靠规则、命令或者上下级关系开展工作，所有事情都是一起商量决定的。选择这种方式的原因是，比起单纯地追求高效工作，他们更重视在这里工作的每个人的感受和想法，让这些人以及他们周围的人都获得幸福才是他们的目的。那么，这样的做法是否没有效率呢？其实并不是，他们手工制作的家常盒饭深受当地人欢迎，现在每天要制作和销售1000~1500份。就这样，在As One铃鹿社区近20年的活动中，经济模式和工作方式已经很大程度上转型到了新的形式，这给整个日本的转型网络带来了良性的刺激。

近期成立的转型城镇

最后，作为近期成立的转型城镇的案例，我想介绍2018年在千叶县夷隅市发起的活动。

● 转型城镇夷隅

"转型城镇夷隅"（简称"TT夷隅"）是以非营利组织"Greenz"的创始人铃木菜央为核心发起的。Greenz致力于

成员约有 130 人的"夷隅在地创业部"。通过对话和工作坊建立互助网络。（摄影：山猫写真馆）

通过发行互联网杂志 *greenz.jp* 实现充满"相互成就的联结"的幸福社会。因为铃木自己就是一名创业者，所以 TT 夷隅的一大特征就是针对当地想要创建可持续事业的创业者们开展支援活动。

工作小组"夷隅在地创业部"共有约 130 名成员，除了通过对话和工作坊构建互助网络，每年还举办一次"夷隅在地创业者论坛"，为想在当地创业的人以及想要支持他们的

每年举办一次的"夷隅在地创业者论坛",为想在当地创业的人以及想要支持他们的人提供交流和联结的平台。(摄影:山猫写真馆)

人提供交流和联结的平台。这个论坛仿效转型城镇发祥地托特尼斯的做法,在近两年的时间里,共有 11 个别具特色的事业项目因创业部和论坛提供的契机而得以创立,例如在与顾客充分对话的基础上提供手工定制的服装品牌,以及提供狩猎体验的公司等。

铃木说:"相比城市,夷隅的生活成本更低,市场也比较开放，这个环境有利于人们把自己的'喜好'变成工作。人们可以从每月 3 万～5 万日元收入的小生意开始做起。"通过这些活动，成员们似乎开始有信心用自己的双手去创造未来的经济了。

常见问题

作为本章的总结，我将在这里介绍一些说明会上经常被问到的有关转型城镇的问题以及我的解答。也许各位读者朋友看到这里，头脑中也会产生同样的问题，希望我的解答能解开你们的这些疑问。

- **转型城镇要如何开始?**

如果你有意在目前居住的地区开始转型城镇活动，请先在该地区找到两个可能会对此感兴趣的人。之所以需要三个人是因为一个人或者两个人不够稳定，三个人则有种莫名的稳定感。只有一只脚或者两只脚的椅子是立不起来的，有三只的话就能站稳，道理是一样的。此外，日本有一句谚语：

"三个人在一起就有文殊的智慧"[1]，两个人的对话容易陷入僵局，如果有三个人，往往一下子就能打开话题。由此可见，比起两个人，三个人一起做事或许会更顺利一些。"除自己以外再找两个人就可以了"这样一想，似乎很容易做到吧？

有了三个人以后，就可以联系转型日本，咨询如何开始转型城镇的活动。就像之前说过的，转型日本是给予大家支持的组织，为大家正式建立转型城镇提供各种帮助，比如到该地区举办说明会等。此外，如果附近已经有转型城镇在开展活动，你可以选择先去参加他们的活动。根据情况，你还可以参加转型日本组织的转型合宿，或者在自己的地区举办这样的合宿，而参加这些说明会、合宿以及其他地区的活动，能加深对活动的理解。

如果你已经对转型城镇有了一定程度的了解，那就要定期把伙伴们聚在一起，开始讨论了。即使一开始不知道要做什么也没关系，说着说着就会像"三个人在一起就有文殊的智慧"那样，各种想法都会涌现出来。这时可以参考本书第1章介绍的"转型的12个步骤"，第2章和第3章介绍的转

---

1 相当于中国常说的"三个臭皮匠，顶个诸葛亮"。——译者注

型藤野的活动案例，以及本章介绍的其他地区的活动案例。总之，请在自己感兴趣的事情里选择马上就能做的事，然后循序渐进地着手去做吧。

当你有了三名以上的成员，其中至少有一名参加过转型城镇的说明会或者转型合宿，抑或参加过其他地区的活动，并且对转型城镇有一定的了解，再加上每月召开一次以上例会，你就可以发布"转型宣言"，正式成为日本转型城镇网络的一员了。

● 合适的转型城镇人口规模是多少？

我在开始转型城镇的活动之前曾直接问过创始人罗伯·霍普金斯社区规模多大才是合适的，当时他的回答是："并没有不合适的规模，一定要说的话，10 000~30 000 人吧。"我记住了这句话，所以日本一开始是从藤野（约 8500 人）、叶山（约 30 000 人）、小金井绿町（约 15 000 人）这样规模的地区开始的。然而，转型城镇现在也有了像小菅村那样人口不到 1000 人的小村子，也有像横滨、札幌、神户以及京都那样人口远超 100 万人的大城市——不同人口规模的行政区都有转型城镇的活动。

看过这些活动后我的感受是，比起单纯地讨论人数多少，活动参与者之间离得近或许更重要。如果为了参加例会或者活动需要花几十分钟坐车，那无论是在时间上还是能源上都是低效的。因此，如果活动范围扩大，移动距离变得过长，在附近另建一个新的转型城镇才是解决方案。在介绍日本各地的转型城镇案例时，我曾提到过这种方案，那就是已开展活动地区的火星飞溅到周边地区，从而带动周边地区诞生新的转型城镇。发生这种现象的另一个原因就在这里，正如藤野和相模湖的案例所示，某些内容的活动需要的话可以合在一起做。

还有一些相反的例子：一开始规模比较大，然后又从中诞生了一些规模较小的转型城镇。比如在大阪，刚才提到过的"转型城镇大阪"（简称"TT 大阪"）先开始活动后，在其中某些特定地区诞生了新的转型城镇，如 TT 大阪·天满桥、TT 大阪·中津（现在是 TT 大阪·丰崎宫）等。

另外，有一些案例在日本还没有出现，但在其他国家已经有了这样的情况：村町级别的转型城镇联合到一起，形成包含它们在内的市区级别的转型城镇，然后后者再联合到一起，形成县和郡级别的转型城镇，最后形成国家级别的国内枢纽——就像俄罗斯套娃那样的结构。虽然这是最终的理想结构，但一开始还是从转型城镇发起人比较容易做的规模起步比较好。

● 转型城镇的活动只能在城镇开展吗？

转型城镇的活动并不限于城镇。关于这个问题，罗伯曾这样说过："'转型'这个词就像是形容词，可以放在各种词的前面。"就像转型学校、转型医院，或者转型公司等，只要是其成员能扎根于某个地区开展包括食物消费、能源消费等在内的某种形式的经济活动，转型城镇的理念和方法就能适用。

我曾经参与过日本内阁府主办的国际交流项目"世界青年船"，其中有人提出"转型游轮"的计划。在这个项目中，一艘船上包括参加者、秘书处工作人员和船员在内共有几百人，大家要在船上一起度过一个多月的时间，这期间需要消耗大量食物和能源，如果把乘客看作市民，那么就可以建立有一定期限的转型城镇项目。虽然这个计划最终只实现了其中的一部分，但是这促使我开始考虑如何进一步扩大转型城镇的应用范围。

在有限的范围内开展转型城镇的活动，让我联想到以公寓或者集体住宅这样的单位开展活动，尤其是日本的城市地区，这样的住宅有很多，应该非常适合。例如，可以在小区内或者附近地区开辟一块共享菜地，或在屋顶安装公共太阳能电池板，抑或是在某些情况下，创造一种只在该区域内使用的社区货币。第3章介绍的藤野的里山长屋项目可以说就是这样一个案例。

● **日本在创建可持续发展社区方面已经有这么多好的活动，为什么还要特地从国外搬来一个冠以洋名字的活动？**

确实，在创造可持续社会上，日本已经有很多先进的活动案例，但我认为大部分都是只在某个地区内开展的、自我封闭的活动，几乎没有扩大到其他地区的案例。其中一个原因可能是这些活动的目的本来就是解决自己所在地区的问题，并没想要扩大到其他地区。进一步分析的话，我认为还有一个原因就是，日本人在传统上注重"隐性知识"，不擅长将事物转化为"显性知识"。这里的隐性知识指的是，我们通过经验了解到的、无法简单用语言说明的知识；而显性知识则相反，是用语言说明的知识。也就是说，为了与更多的人共享某个知识，隐性知识就需要转化为显性知识，这样他人才容易模仿。在这一点上，西方人传统上就重视显性知识，擅长将事物转化为显性知识。转型城镇能在短时间内有这样的发展，其中一个原因就是它很好地转化成了显性知识，方便全世界的人仿效。

转型城镇活动的最终目的是通过在全世界建设可持续、高韧性的地区，解决气候危机等全球问题，这意味着不是只在自己的地区做好就行了。如果只开展地区内的活动，尽管能改变自己所居住的地区，但却看不到这对解决全球问题有什么帮助，就很容易产生无力感和孤立感。如果这时成为转型城镇这样一个具有共同目标的全球网络的一员，知道了全世界各个国家、各个地区都有在开展相同活动的人，那么即使自己开展的活动只是在本地的活动，也会产生希望和一体感，并且相信只要这些活动不断地累加，最终就可能在一定程度上解决全球问题。

不仅如此，在转型城镇的网络中，大家还会积极地通过书籍、影像、网络报道以及研讨会等形式，公开介绍在全世界开展的各种活动，促进大家相互激励和启发。因此，这种累加就不是单纯的加法，而是可能会有乘法的效果。事实上，转型藤野在"3·11"大地震后发起的藤野电力和灾区援助等活动，后来在罗伯撰写的书籍以及转型网络制作的纪录片中都有被提到。这给遭受几乎同级别地震袭击的新西兰以及全世界开展转型城镇活动的人带来了积极的影响。同样，在英国托特尼斯开展的从地方开始建立新经济的"重构经济项目"，对藤野、浜松、夷隅等日本的转型城镇活动也产生了极大的影响。

也许正是因为有转型城镇这个全球性网络将世界各地的人们联结起来，我们的在地活动才得以影响地世界其他地区所开展的活动，相反，世界上其他地区开展的活动也会对我们的在地活动产生影响。有一句话叫"全球视野，在地行动"（Think globally，act locally），而转型城镇就是能实现"在地行动，改变全球"（Act locally，change globally）的活动，这就是我们特意将一个洋活动介绍到日本的意义。

● **开展转型城镇活动真的能解决全球问题吗？**

我们当然不能保证只要开展转型城镇的活动，就一定能解决气候危机那样的全球问题。这类问题的解决不能只靠转型城镇，而是需要全世界正在日夜奋斗的"主体"们在齐心协力的同时，还要不断邀请更多"主体"加入。

这里的"主体"是指参与解决这些问题的人，大致可以分为五类。第一类是"国家"，也包含国家级别成员所构成的国际组织，如联合国等。第二类是"企业"，尤其是具有国际影响力的大型跨国企业。第三类是"国际非政府组织"，这是超越国家这个框架进行联合的专业组织，如研究人员的网络。第四类是"地区"，指的是由市民组成的社群。第五类主体是"个人"。这些主体各自具有不同的规模、性质，发挥着不同的作用，为了解决气候危机这样的全球问题，所有这些主体都必须积极参与，缺一不可。

转型城镇是其中的第四类主体，扎根于当地的市民社群。同时，因为我们结成了一个在世界范围内松散相连的网络，可以说也具有第三类国际非政府组织的性质。在解决气候危机等问题上，起到决定性作用的应该还是第一类主体国家，但从对整个国家的影响及其对全球经济的影响的角度来看，第二类以跨国企业为中心的主体所能发挥的作用也是相当大的。然而，这两类主体都容易受到利害关系的约束，比起解决全球问题所需要的合作态度，这两类主体往往会采取妨碍合作的竞争态度。

第五类主体——个人，虽然在数量上具有能够给予压倒性影响力的潜力，但往往很难作为一个整体向一处发力。这样看来，我认为不易受利害关系的约束，同时又比较容易团结在一起的第四类主体，即扎根于地区的市民社群才是杠杆的支点，也就是用最小的力产生最大效果的作用点。

关于这个问题，转型城镇的创始人罗伯·霍普金斯先生说过这样的话："这是一个宏大的社会实验，结果如何谁也不知道。但我们知道的是，等待政府行动的话，时间太长，靠个人行动的话，规模又实在太小。如果我们能作为社群开展行动，也许在时间和规模上都刚好来得及。"就像他所说的，转型城镇活动并不能保证最后一定会成功，然而，虽然不知道结果会怎么样，但我们在它身上却看到了最大的希望和可能性，这也是我们至今一直在开展这项活动的原因与动力。

第 **5** 章

转型藤野的后续
及文化转型

本章我们将再次回到藤野的转型城镇活动。回顾过去，转型藤野13年里所开展的活动大致可以分为三个阶段。第一阶段是诞生后打基础的"草创期"，我们已经在第2章里详细介绍过。这个时期主要是招募能够负责活动的成员，强化这些成员之间的联结，并加深大家对于转型城镇的理解。同时，这也是摸索今后具体要做什么的时期，如果比作个人成长发育阶段的话，应该是青少年期吧。

第二阶段是"成长期"。在"3·11"大地震前后，各种工作小组相继建立，积极开展具体且持久的活动，在第3章里我对此进行了详细介绍。在这一阶段，基于第一阶段所建立的对转型城镇的理解以及成员之间的信赖关系，成员们都在积极地开展各种活动。由于努力的成果逐渐显现出来，大家开始变得越来越自信。从这个意义上说，如果比作人的成长发育阶段的话，或许可以称之为成年期。

第三个阶段是"成熟期"。到了第三阶段时，在第一阶段、第二阶段开展的活动开始对地区内外产生影响，我们开始将精力集中在广泛分享其成果的活动，同时也开始关注人的内在成长，也就是关注意识的变化。从人的成长发育阶段来看的话，可以算是壮年期吧。

本章，我们将先介绍第三阶段里主要发生的事情，然后分享一下转型藤野的现状。最后，作为总结，再讲一下转型城镇活动所贯彻的方针和理念。

让我们开始关注其他地区的"One Day"

第3章里我曾提到，经过2011年3月的"3·11"大地震，社会对于"可持续未来"的关注越来越高。从这时起，主流报纸、杂志、电视台等传统媒体以及网络上各式各样的新媒体都来采访我们，邀约我们出镜或执笔，其中甚至不乏海外媒体的采访。在我们所开展的转型藤野活动中，最受关注的是"藤野电力"，以及"社区货币万屋"，一方面，因为这些活动是看得见、容易理解的；另一方面，这些活动因为相对注重回应时政，所以频繁地受到媒体报道。因此，不少人知道"藤野电力""社区货币万屋"，却没听过"转型藤野"。

由于这些媒体的关注，日本各地开始有越来越多的人对我们的活动产生兴趣。大家纷纷要求实地访问，参观我们的活动。受到关注当然让人高兴，但是就像前面提到过的，转

介绍转型藤野活动的各种杂志。有很多地区因为看到这些报道而
发起了新的转型城镇活动。

型藤野的每位成员都有自己的本职工作，很难一一回应，因
此我们急需建立一个机制来回应这些要求。于是，我们首先
开展了名为"转型藤野 One Day"的活动。"牧乡实验室"是
利用被废弃的校舍建成的艺术家工作室，同时也是一个对外
开放的设施，我们将这里作为会场开展活动。具体做法是，
数个月开展一次，利用周末一整天的时间来向参加者介绍各
个工作小组的活动情况，参加者还可以亲身体验活动。"一天

各工作小组在转型藤野的"One Day"活动上同时创办工作坊。
中午有"今日大厨"提供可口的午餐。(摄影：袴田和彦)

就能体验全部活动"是这个活动的亮点，所以我们把这个活动起名为"One Day"（一天）。

具体做法是一个房间里是藤野电力创办的"迷你太阳能发电工作坊"；另一个房间则是百姓俱乐部主办的"杂粮调配工作坊"；中午还有当日限定的"今日大厨"为饥饿的参加者提供可口的午餐。就这样，从上午到傍晚，我们安排了丰富的活动。参加活动的人不仅可以更深入地了解转型城镇，而且可以亲自体验和感受这些活动。大家纷纷表示这是"非常令人兴奋和有意义的一天"。

通过以上经验，我们渐渐意识到介绍自己在藤野所做的事能给其他地区的人带来希望和启迪。在那之前，我们忙于自己的活动，没有余力来积极地对外宣传。说实话，当时我们并没有意识到自己的活动有积极对外宣传的价值。然而，随着媒体大量报道，以及请求访问藤野的人越来越多，我们开始意识到已经不能只满足于做好自己的活动，而是到了要积极地对外传播的阶段了。如此说来，"One Day"这个活动或许就是将我们的意识从地区内部转向地区外部的一个契机。

藤野转型城镇学校

在我们转变意识后，为了更加正式且体系化地介绍我们所做的活动，从 2013 年 4 月至 11 月，我们策划并实施了为期 7 个月的"藤野转型城镇学校"的课程。在每月的某个周末安排两天一夜关于某个学习主题的合宿，既有讲座、讨论，也有体验型的工作坊，让大家通过亲身体验去学习可持续地区的建设。

合宿的七个主题分别是"什么是转型城镇（转型藤野）""创造本地能源（藤野电力）""探索森林的再生之路（森部）""创造自给自足的联结（百姓俱乐部）""如何支持超高龄社会（健康与医疗）""重新认识自己的价值（社区货币万屋）""新联结的诞生（沟通）"，由括号里写的工作小组负责设计内容并担任当天的主持人。每次都会有 10 名以上的参加者，其中大部分都是参加整套课程的学员。最后，有的人在自己居住的地区发起了转型城镇，有的人则加入了已有的转型城镇，仅从这一点来看，就可以认为开设这个课程是很值得的。然而，这个课程所带来的收获远不止于此，转型藤野的成员通过策划和组织这套课程，客观地梳理了迄今为止自己所做事以及其成果和意义，同时也亲身体会到它们对于参加者具有怎样的意义。

从藤野转型城镇学校开始，转型藤野的活动又增加了"教育"功能。因为学校的运营需要投入很多精力，所以这个活动只开展了一年，但之后我们又以别的形式继续开展这个活动，例如接受其他团体、大学等教育机构委托，提供聚焦于某个特定主题（如社区货币）的系列课程，或者设计并提供为期一天至几天的单次课程。

2013 年 4 月开始举办的"藤野转型城镇
学校"的宣传单。全套课程共有七次课，
每月一次，每次两天一夜，围绕不同的主
题，体验转型藤野的活动。

转型藤野一日游

　　从 One Day、藤野转型城镇学校等活动中诞生了一个至
今仍在继续的活动，即"转型藤野一日游"。这个活动由就职
于藤野观光协会的转型城镇核心成员小山宫佳江负责。除冬
季以外，这个活动每 1~2 个月开展一次。活动形式是参加者
用一天的时间，依次去现场观摩从转型藤野诞生的各种活动

以及其他相关活动，并听这些活动的负责人介绍经验。尽管我们没有积极地宣传这个活动，但是每次活动都吸引了十多名来自日本各地的参加者，小山宫佳江和其他转型藤野的成员会驾车带领他们前往藤野的各个参观点。因为有汽油费的支出，所以活动是收费的。这个活动不仅吸引了对转型城镇感兴趣的人，还吸引了不少想要移居藤野的人，因此这对藤野观光协会从数年前开始的"促进移居项目"也有很大贡献。

如果说藤野转型城镇学校开辟了"由市民开展的、以市民活动为主题的教育"这个新的教育领域的话，那么转型城镇一日游则可以说是开辟了"由市民开展、以市民活动为主题的观光"这个新的旅游领域。由市民担负起当地的教育和旅游，仔细想想，这似乎很自然。然而，从强调市民活动这一点看，似乎并没有那么多这样的案例。

地区内转型城镇的影响也在扩大

目前为止所描述的，主要是我们面向藤野以外地区的人们做了哪些事情。接下来，我想介绍我们的活动在藤野地区内产生了怎样的影响。

当然，我们无法明确追踪这些影响，并且有些影响反而是地区内其他活动带给我们的，但有两个影响毫无疑问是转型藤野活动产生的。一个是除了万屋之外，藤野还出现了两种新的社区货币，另一个是当地非营利组织"藤野里山俱乐部"开展的一个名叫"气候变动的藤野学"的新活动。我首先介绍一下前者。

在远离藤野中心地带的山区，有一个名为"纲子"的村落，这里住着很多艺术家。其中，万花筒的设计师傍岛飞龙从2013年开始，主导发行了名为"YU-RU"（ゆーる）的社区货币。傍岛飞龙曾为社区货币万屋设计了存折的封面，可以说与万屋交情匪浅。"YU-RU"不是万屋那样的存折型社区货币，而是纸币型社区货币，比较接近我们通常看到的钞票。最近，他们又开始新的尝试，发行了电子社区货币"YU-RU币"，开发了能用智能手机进行简单支付的软件。此外，

上：2013年开始发行的社区货币"YU-RU"的纸币。设计中使用了艺术处理的人脸图案等独特的设计，非常吸引眼球。

下：全部使用来自建筑工地的废旧材料建造的"废材生态村·Yuru Yuru"，这是转型藤野一日游时也会参观的藤野的一个著名景点。

同样在纲子，傍岛飞龙偶然买下了一家废旧工厂，用建筑工地收集来的各式各样的废旧材料建造了一个非常特别的社区空间"废材生态村·Yuru Yuru"，并且还提出了充分利用艺术进行可持续生活的设想。

另外一种新的社区货币出自 2005 年搬迁到藤野的学校——华德福学园。这是一家提供小中高 12 年一贯制教育的学校，他们从 2015 年开始，在包括家长和教职员工在内的学校相关者内部流通名为"廻"的社区货币，或者应该叫校内货币。这种货币应该算是纸币型，但是又和通常的纸币有所不同，暂且称为"背面记录型"吧。其机制是：请别人为自己做了一件事后，在自己所持的纸币背面写上"做的事"以及对此表示感谢的话，再写上名字，然后交给对方。这样做可以让收到货币的人除了知道之前发生过什么样的交易，还能通过货币感受到对方的感谢之情，从而体现出"廻"的含义。

气候变化的藤野学

非营利组织"藤野里山俱乐部"成立于 2004 年，其宗旨是"发现、创造、传递藤野的魅力",自 2014 年以来,该机构的理事,同时也是转型藤野的成员野口正明领导了一个名为"气候变化的藤野学"的项目。目前,他们在冈山山阳学园大学地域管理专业教授、"气候变化地元学"的提倡者白井信雄的指导下在藤野开展实践活动,目标是探索自下而上以市民为中心,而非自上而下以中央和地方政府为中心的方式去讨论气候变化的对策。

在最开始提出该项目主旨的时候,有人认为应该由转型藤野来负责该项目,但是随着项目推进,野口正明提出这个项目应该让长期生活在藤野、长期感受到气候变化带来的影响的人们更多地参与进来。比起转型藤野,藤野里山俱乐部更适合负责这个项目,因为大部分藤野里山俱乐部的会员在藤野的居住年数较长,而大部分转型藤野的成员则还比较短。在此之前,藤野里山俱乐部开展的主要活动是具有较多观光元素的徒步类活动,比如寻访藤野古民居的"古民居游",或者在充满里山风情的景观里散步的"藤野里山徒步",等等。虽然这次的项目看上去不太像他们的风格,但在野口正明的努力下,他们不仅受到了社会各界的广泛关注,还获得了"气候变化行动环境大臣表彰奖"。

NPO法人ふじの里山くらぶ
相模原市緑区小渕1689−1
ホームページ：http://fujino-satoyama.com/
電話：042−686−6750
メール：info@fujino-satoyama.com
発行日：2020年1月27日
発行責任者：星 和美

ふじの里山通信 第25号
~藤野の魅力を見つけ、創り、伝える~

気候変動の藤野学
~水土砂災害対策と活動事例に学ぶ~

私たちは、2016年春より法政大学（現在は岡山の山陽学園大学）の白井信雄教授にご指導いただきながら、気候変動（異常気候）が藤野地区に及ぼす影響について、住民主体で調査したり、そこからテーマを絞り込んで（水土砂災害対応、鳥獣被害対応、健康被害対応）、話し合ったり、少しずつ対応してきました。

一部の住民有志だけの活動から地域に貢献できる活動を目指して、12月8日（日）に実施した「気候変動の藤野学」は、防災や災害対策の活動を牽引されている吉野・名倉の自主防災組織の活動やコミュニティカフェ「シェアリビングコタン」の活動事例から学び、参加した皆さんと話し合う場となりました。

台風19号で被災された皆様にはつんでお見舞い申し上げます。

WEBマガジンコラージュよりhttps://colle2.jp 写真撮影：塩野行雄さん

当日の話し合いから出てきた課題の数々

・既存の防災情報（ハザードマップ等）をどこまで信じればいいのだろう？
・全世帯避難勧告が発令されながら、本当に避難したらキャパ不足という問題をどうするか？
・台風19号の学び：災害が「起きた後」でなく、「起きる前」のルールが必要ではないか？
・「安心して避難できる場所」は、日頃から行き慣れた場所であってこそでは？
・災害時に、誰が、どこにいるのかのリアル情報をどのように把握すればよいか？
・自治会に加入していないネットワークの外にある人の防災時のケアをどうするか？
・最後は個人の自己判断だが、その前に組織力（地域力）で早く避難できるサポートをすべきでは？
・災害種別（大雨台風、地震）ごとに避難場所が違うのは現実的ではないか？
・地区防災計画は、見返すと有用なことが定めてあった。改めて見直す価値ありでは？
・いのちを守る活動（防災訓練等）は、楽しいイベントよりも最優先させるべきでは？
・避難場所と避難所の目的や役割の違いを周知するべきではないか？

吉野地区自主防災組織の副本部長 佐藤さん（右）　指導員 長田さん（左）　　名倉地区自治会連絡協議会長の倉田さん　　シェアリビングコタンの外山さん　　事例紹介後、グループに分かれての対話の時間

藤野の外から興味を持って、駆けつけてくれた方もいらっしゃいました。
そのお二人に感想を寄稿いただきましたのでご紹介します。

旧藤野町出身そして気象予報士として、2019年10月の台風19号に大きな被害が出た事は大変悔しく、同時に自分の力不足を感じました。この経験を忘れるのでは無く、後世へ引継ぎ、地域の防災強化に繋げることが必要不可欠と考えています。先日行われたワークショップでは、住民間で活発な意見交換や議論が交わされ、防災への積極性を強く感じました。被害を受けた地域だからこそ分かる事、さらに既存の枠組みに捉われない提案や考え方が出来るのがこのワークショップの特徴と思います。この取り組みは将来的に旧藤野町に留まらず、相模原市はまたは全国的な防災事業の先駆けにも成り得ると、大きな期待も膨らませています。（山崎貴裕）

気象予報士・防災士
山崎貴裕

「気候変動の藤野学」に初めて参加させて頂きありがとうございました。大変勉強になる会で楽しかったです。名倉や吉野で生まれ育った自治会の方と、新しく藤野で暮らしを営む方が、台風についてリアルな体験談を報告し、皆で円座になって語りあったことは藤野の将来にとって大きな出来事と思います。ご高齢の方の避難対策や、実際に起きた避難施設の定員不足、避難者の安否確認の方法、里山の保全策など解決すべき課題は多いと感じましたが、まずは普段から気候に集まれる場所を確保したり、どんど焼きのような祭りをひらいたり、災害はそうした日々の延長にあり、日本において決して非日常のことではないと強く感じました。（WEBマガジンコラージュ編集局 塩野哲也）

非营利组织藤野里山俱乐部从2016年开始开展"气候变化的藤野学"。2020年获得"气候变化行动环境大臣表彰奖"。

在藤野里山俱乐部的总会上，白井信雄老师发表了"气候变化的地元学"的主题演讲。在这个基础上，他们以长期生活在藤野的成员为核心，调查了气候变化对当地的影响。

这是第 1 章介绍的"转型的 12 个步骤"中的步骤 3 "联合当地相关团体"的典型案例，不是什么事情都自己做，而是最大限度地发挥每个团体所具有的优势，必要时积极地联合行动，可以说这正是转型城镇特有的做事方式。

与政府部门联合建立充电站

说到联合，我想顺便提一下和政府部门的合作。"转型的12个步骤"中的步骤9是"与当地政府建立关系"，说实话，这一点我们起初怎么都做不到。主要原因之一是在"平成大合并"[1]中，藤野町于2007年被并入相模原市，接着2009年实行三区制，又被编入绿区，就这样，主要的行政功能转移到了桥本，从藤野过去，无论是坐电车还是坐汽车，都需要半个多小时。直到进入第三阶段"成熟期"后，我们才总算有了几个和政府部门合作的案例。

其中具有代表性的案例就是利用政府补贴购买电动自行车，并设置充电桩，鼓励人们充分利用这些车。事情的起因是绿区的一位工作人员告诉我可以申请政府补贴，于是我们商量了各种使用这笔钱的方法。最后，我们决定购买三辆电动自行车放在车站前，让到访藤野的人可以利用它们自由地在街道上穿行。之所以选择电动自行车是因为藤野的面积非

---

1 平成大合并是日本1999年开始大幅度推进的市政合并，其目的是通过扩大自治体的范围来加强行政和财政基础，促进地方分权。这轮合并后，日本市町村数量从3229个下降到1727个。——译者注

利用相模原市的政府补贴购买了电动自行车并设置了充电桩，以方便大家使用。电源基座是请本地艺术家设计的。

常大，相当于东京山手线内环部分[1]，并且高低起伏也比较大，在这里骑普通的自行车会很辛苦。但问题是，电动自行车骑一段时间，电池电量就会用完。于是，藤野电力的成员们决定在藤野的 7 个主要场所设置用迷你太阳能发电系统供电的充电桩，并请藤野当地的艺术家制作了具有设计感的广告牌、接线板及标注充电桩位置的地图。

1　约 63 平方千米。——译者注

标注全部 7 处充电桩位置的地图。由藤野当地的设计师，
同时也是藤野电力的核心成员吉冈直树制作。

一种投资新理念："大和家"的地区内众筹

在第三阶段，我们还有一个新的行动：在地区内创造新
的就业机会。当时正逢转型城镇的发祥地英国托特尼斯建立
了名为"Reconomy"的新项目，其中的关键人物杰伊·汤普
特（Jay Tompt）正巧计划来日本，于是我们邀请他在藤野创
办一个工作坊。"Reconomy"是一个新词，意为"重构经济"，

其目的不是单纯的经济再生，而是"经济的本地化"，也就是"让经济重新回归当地"。具体来说，就是最大限度地利用当地的资源，创造出扎根当地的新的就业机会。为此，他们每年举办"在地创业家论坛"，挖掘想要扎根本地进行创业的人才，提供名为"重构经济中心"的创业空间等，为这些在地创业家提供事业上的支持。

在杰伊的工作坊之后，我们于 2014 年末在藤野建立了以"工作与经济"为主题的新工作小组并开始活动。遗憾的是，我们最终没能像托特尼斯那样开展大规模的活动，但我依然想介绍一下，在反复实践中出现的一个有趣案例，这是一个利用"地区内众筹"的方式帮助一家餐厅创业的案例。事情的起因是一个叫大和伸治的人，他曾在东京经营一家新式中餐馆，为了孩子的教育，他把店关了，然后搬到藤野生活。一直想在藤野开店的大和，碰巧听说有一座原是食堂的房子正在出售。虽然大和有买房子的钱，但那座房子空了很久，需要大规模改建和装修，这笔钱他就拿不出来了。于是，他找到刚成立不久的"工作与经济"工作小组寻求帮助。

大和设想的新店是一家充分使用当地蔬菜且完全不使用化学调料的有益健康的中餐厅。因为大和的想法与转型城镇的理念完全一致，所以工作小组就以转型城镇的成员高桥靖典为核心，发起了这个项目。经过多次讨论，大家决定利用社区货币万屋等网络，通过地区内众筹来募集资金。通常的众筹都是先在互联网上介绍项目的主旨，向非特定人群广泛征集支持者并向他们募集资金，但我们的这个项目无论是在规模上还是形式上都有所不同。我们同样也是通过万屋的邮件组和海报以及在地区内进行口头宣传的方式介绍项目的主旨，虽然对象主要是藤野及周边的居民，但依然是面向非特定人群进行募捐。因此，我认为可以称这个方法为"地区内众筹"。目标金额 200 万日元对于地区规模的众筹来说算是比较高的，但通过承诺举办"招牌饺子试吃会"，以及和通常的众筹一样，以捐款金额回馈餐券或者限时打折券等方式，最终获得了令人满意的结果，目标金额基本达成，装修改建的必要资金也成功地筹集到了。

在装修改建过程中，我们也采用了有趣的做法：积极地呼吁大家（包括众筹时没有参与捐款的人），只要赞同项目的主旨就欢迎他们把自己有关装修改建的知识、技能、时间、劳动力或者材料等资源"捐赠"出来。这也是从托特尼

上：装修中的大和家。进行配电施工的
　　是藤野电力，地板大部分使用森部
　　提供的剥皮间伐木材，大量的本地
　　资源被投入进来。

下：作为地区内众筹活动中的一环而
　　举办的饺子试吃会。两天内提供了
　　1000 多个饺子。

斯的"重构经济"项目中学到的，即投资不用局限于金钱，只要是对实现项目有用的资源，无论什么都可以采用。也就是说，投资不是"资金的投入"，而是"资源的投入"。实际上，在这个项目中，设计师画装修改建的设计图；藤野电力的成员负责照明；森部的成员提供剥皮间伐得来的木材；会木工和粉刷技术的人帮忙铺地板和刷墙……大量的资源被投入进来。不仅如此，简单的一句"加油！"也是心意的投资，只要愿意，任何人都可以成为"资方"，通过这种方式，许多人都参与了这个项目。

就这样，2015 年 10 月，"大和家 Yamato-Ya"隆重开张，并且因为采用这样的投资理念和方式，还意外地产生了一个良性循环，也就是不只是出钱的人，投入了自己拥有的资源的人也会在意这家店之后的发展。这样一来，不管有没有餐券或者打折券，大家都会比较频繁地作为客人去餐厅就餐。因此，虽然店铺的位置不怎么好，但客源还是比较稳定的。如今，在一般的投资中，比起对投资支持，人们更在意金钱上的回报，但通过这次经历，我强烈地感到，我们在这个项目中所看到的投资，才是投资应有的样子。

内在转型

第三阶段还出现了"内在转型"。到目前为止，本书主要讲的是生活的转型，也就是从不可持续的生活方式向可持续的生活方式转变的、基于地区层面开展的活动，这些都是看得见的所谓"外在转型"。与之相对的"内在转型"，指的是眼睛看不见的意识的变化。其实这一点在英国托特尼斯最早建立转型城镇的时候就已经受到关注了，曾经来过日本的苏菲·班克斯所带领的"心与魂"工作小组一直在积极地开展这方面的活动。

就像序章中所说的，因为我自己长年来一直在运用"客卿"这一激发人潜力的沟通手法，所以一开始就认识到了"内在转型"的重要性。准确地说，转型城镇最初吸引我的，是他们提倡不仅要提高生活这个可视层面的韧性，同时也要提高内心和意识这些眼睛看不见的层面的韧性。

当我们想要有重大改变的时候，往往会去试图改变那些眼睛看得见的部分，也就是"机制"的部分，但如果仅仅是这样的话，就无法改变得很彻底。理论物理学家爱因斯坦有这样一句名言："你不能用造成问题的思维方式解决这个问题。"就像他指出的，机制强烈地反映了机制建立时人们的意识，因此要改变机制，就必须同时改变一直以来支持这个机制的意识。

要提高内心和意识的韧性，我认为尤其重要的是"如何看待自己"。这里有两个面向：一个是"将自己看作有力量的人"；另一个是"将自己和他人、和自然联结在一起"。两者都很重要，接下来我会分别进行说明。

• 将自己看作有力量的人

不仅是在转型城镇的活动中，当人们想要为了改良社会的运行机制而开展行动的时候，几乎所有人都会经历与无力感斗争甚至自我怀疑的过程，认为"自己什么也改变不了"。尤其是在面对庞大而又复杂的机制时，往往会感觉无论自己如何努力似乎都不会发生任何改变，最后只好选择放弃。我在序章中也提到过，这种无力感正是妨碍人们发挥潜力的最大原因，因此我想通过客卿等方式让人们发现自己原本就有的力量，帮助他们将力量最大限度地发挥出来，开展转型城镇活动也是想提高人们对无力感的免疫力。那么，要如何防止人们陷入无能为力的情绪呢？

最好的办法听起来似乎很简单，那就是积累更多的成功体验，也就是增加"感觉自己有能力解决"的经验。这种"自己有能力解决"的感觉，我称之为"有力感"。这与我们通常认为的"有力"稍有不同，因为实在找不到无力感的反义词，在这里就请允许我用这个词来表达吧。那么，具体来说，什么样的体验能带来这种有力感呢？我从转型藤野的活动中选取最容易理解的案例为大家介绍一下。

请看第 226 页的照片。这是藤野电力举办迷你太阳能发电系统工作坊时的照片。当我们将太阳能板、电池、遥控器、变频器以及电线全部连上后，灯泡就亮了，这也是全场达到高潮的瞬间。这里想请大家关注的不是发亮的灯泡，而是手持灯泡的女士的表情，她的表情仿佛也被"点亮了"。这绝不只是灯泡亮光的反射，这个表情就是原以为"我什么也做不了"，但现在发现"我也能做点什么"时出现的。这也是从无力感到有力感，发生"内在转型"的瞬间。可以证明这一点的是，很多人都在这个瞬间发出了相似的感叹："这是我发的电！"这在日常生活中可能只是一件小事，但与其一直思考如何让能源利用更加可持续这样的大问题继而被问题的严重性所吓倒，不如去积累哪怕很小的体验，逐渐

在藤野电力举办的迷你太阳能发电系统工作坊中，所有的配件被连好，灯泡被点亮的瞬间。拿着灯泡的女士的脸庞仿佛也被点亮了。

（摄影：袴田和彦）

提高自己的有力感——这样或许才更有意义。

　　从这个意义上讲，本书介绍的转型城镇活动都可以被视为在发挥桥梁的作用，帮助大家从"我什么也做不了"这种陷入无力感的状态，通往"我也能做点什么"这种充满有力感的状态。转型藤野所开展的活动中有很多这样的例子：不依赖法定货币日元，让人们可以自行流通商品和服务的社区货币系统；不依赖林业专家，让人们能够自行开展森林修复的剥皮间伐活动；不依赖电力公司提供的用化石燃料和核能生产的电力，让人们能够自行发电的自律分散型太阳能发电活动。这些活动都发挥了桥梁的作用。如果我们充分发挥自己的创造力，一定还可以想到更多这样的活动。因此，在转型城镇的活动中，我认为重要的是能架起多少这样的桥梁。

• 将自己和他人、和自然联结在一起

关于"如何看待自己"的另一个侧面，即"将自己和他人、和自然联结在一起"。为了改良社会的运行机制而开展行动时，除了刚才讲到的无力感外，还有一个巨大的障碍就是"孤立感"，也就是感到"自己和他人是被分隔开的，是孤独的"。受西方个人主义思想的影响，近年来日本也有越来越多的人受到孤立感的困扰。不难想象，这种孤立感很容易和无力感联系到一起。即使你认为自己是有力量的人，一旦要采取行动作出重大改变时，也会感到"靠自己一个人的力量是没有用的"。

乔安娜·梅西是我 30 多岁留学美国时的老师，同时她也是一位佛教哲学家和社会活动家，她在《积极希望》（*Active Hope*）一书中把这种孤立的自己称为"分离的自己"。

《积极希望》乔安娜·梅西、克里斯·约翰斯通著，三木直子译，
春秋社，2015 年。

她指出，其实并不是人真的被分离，而是这个人如何看待自
己的问题。她甚至主张，这种看法实际就是导致人类目前在
全球范围所面临的种种问题的根本原因。如果把自己看作和
他人是分离的，就会认为只要自己过得好，别人怎么样都
无所谓。这样的想法，轻则带来人种歧视和贫富差距的扩
大，重则将成为战争和恐怖行动等问题的温床。这种问题不
只存在于人与人的关系中，也存在于人与自然的关系中，正

是把自己视作与自然是分离的这种观点，才让我们对环境破坏、气候变化，甚至物种大量灭绝的问题漠不关心。因此，解决问题的关键就是将"分离的自己"变为"联结在一起的自己"，也就是转换到"将自己和他人、和自然联结在一起"的这种观点。

那么如何才能转变看法呢？其实就和刚才的有力感一样，要不断地去体验"自己是和他人、和自然联结在一起的"的感受。从各种意义上讲，在转型城镇的活动中，"3·11"大地震后发起的灾区支援活动就是让人们真实感受人与人之间的联结的体验。森部的活动带大家进入森林，百姓俱乐部的活动让人们耕种作物，都是让人们感受与自然联结的体验。此外，在灾区支援活动中，依靠社群的力量做到了凭个人力量无法做到的事，让人亲身感受到了"只要我们团结一致就能做到"。总之，通过将自己和他人联结在一起，我们不仅能获得"联结感"，还能获得"有力感"。

内在转型体验会

如上所述，我们在看得见的生活层面进行了转型，即

"外在转型";同时我们也在看不见的意识层面进行了转型，即"内在转型"。转型藤野从这个时期开始就积极地开展了聚焦于体验"内在转型"的活动，也就是"内在转型体验会"。

体验会的原型是第 4 章提到的美国非营利组织"地球妈妈联合会"开发的课程"改变梦想研讨会"，其目的是通过影像让参加者了解，当今世界所发生的各种问题是如何受到我们的意识影响的，并体验改变意识可以对解决这些问题带来怎样的帮助。我几乎是在接触到转型城镇的同时接触到这门课程，那是在英国芬德霍恩生活的时候，从一开始我就感受到这是一门能有效促进"内在转型"的课程，所以不仅是那些在藤野参与转型城镇活动的人，我还积极、广泛地介绍给其他对当今世界的现状感到疑虑和不安的普通人。

另一个我所直接参与并对实现"内在转型"发挥重要作用的活动，是前文提到的我的恩师乔安娜开发的"重建联结工作坊"。这与其说是课程，不如说是一种实践性的理论体系。乔安娜以佛教哲学、一般系统理论以及深层生态学等理论知识为基础，整理和总结了很多实践性的智慧，告诉我们在对世界的运行机制进行重大改变时，如何能不陷入无力感和孤立感，永远充满希望地向前迈进。乔安娜通过这个"重

2016年2月在藤野举办"改变梦想研讨会"的会场上设置的祭坛。
这个研讨会被视为"内在转型"的范畴，在转型城镇也经常举办。

建联结工作坊"向我们传递的最重要的信息，正是"当今世界所面临的问题，几乎都能通过重建我们和自身、和他人以及和自然等世间万物的联结来解决"。她的这种观点，其实对改变梦想和转型城镇的活动都产生了巨大的影响。在本书中，我之所以反复强调"建立联结"在转型城镇活动中的重要性，原因就在这里。

此外，在"内在转型体验会"中，除了"改变梦想"和

佛教哲学家、社会活动家乔安娜·梅西女士。她开发的"重建联结工作坊"对转型城镇的活动产生了巨大的影响。

"重建联结工作坊",我们还邀请了非暴力沟通（Nonviolent Communication，NVC）、过程导向（Process Work）、U 理论、未来会议（Future Session）、爱的同在（Loving Presence）以及主持艺术（Art of Hosting）等各领域专家到藤野提供数小时的小型工作坊，帮助参加者通过不同方式体验内在转型。通过体验内在转型，还可以促进外部转型（推广具体且看得见的活动），由此形成良性循环。

2014 年 1 月举办的内在转型体验会。当天我们邀请索耶·海
（Sawyer Kai）举办了"非暴力沟通工作坊"。

转型藤野要解散？

那么，今天的转型藤野究竟怎么样了？其实在几年前，
成员间曾出现了这样的声音："我们只要像现在这样把活动
继续做下去就行了吗？"于是，大家开始讨论是否应该解散
转型藤野。也许读者会感到惊讶："做得好好的，为什么忽
然会这么说？"其背后的原因之一，是本书介绍的那些在转

型城镇活动中发起的各种工作小组以及从中派生出的项目都开始各自独立开展活动，不仅如此，在藤野当地也有各种直接或间接受其影响而诞生的活动。因此，成员们感到有必要重新审视转型藤野的存在意义。现在回过头看，那真是一次非常有益且有建设性的讨论。

作为活动的发起人，当我听到这次讨论的时候，说实话心情有点复杂。但在和大家一起商量的过程中，我对转型城镇活动的存在意义以及发挥的作用也有了各种新的发现。其中最大的发现就是，转型城镇是创造某种地区文化的活动。用一句话来表达，就是"市民发挥各自的创造力，在愉快地、自发地开展活动的同时，让自己所生活的地区变得更可持续、更有底力"的文化。如果进行比喻的话，文化就像土壤，具体的活动从土壤中发芽、孕育，最后开出花来，但吸引人们的并不是土壤，而是花。刚才也说过，其实比起转型城镇，社区货币万屋、藤野电力这些工作小组的名字更为人们所知晓。这不是什么问题，或者说，就应该是这样的。那么，既然让这些花（具体活动）能常开不败的土壤（文化）如今已经培养好了，转型城镇的任务就可以说已经完成了，不是吗？这就是我现在的想法。

不过，也有人认为转型藤野本身就是一个开放的组织，也就是所谓的"任意团体"[1]，并不具有法律实体地位，再加上也没有明确规定它的成员，所以也谈不上"解散"。最后，我们决定中止两周一次的"核心会议"，解散构成这个会议的"核心成员"。这样做的目的是减轻核心成员身上的负担，让他们有更多时间去参与他们想要参与的工作小组和项目，同时也改变人们对于"转型藤野的人"的刻板印象，让更多的人能自由地加入进来。其实从转型藤野的活动中诞生出来的工作小组和项目大部分还在，通过转型藤野的活动培养出来的文化也已扎根。因此，与其说是解散，不如说是进化到新的阶段了。

文化的转型——TT 精神

在结束本书之际，我想总结一下前文提到的，通过转型城镇的活动所培养出来的究竟是什么样的文化。以下是

---

1 在日本，"任意团体"不具有法人资格，但同样具有组织合法性。日本众多的非营利组织都以"任意团体"的形式长期存在和开展活动。——译者注

我们在日本推广转型城镇活动时，转型日本的成员们所总结的"TT精神"，我在内容上进行了一定的加工。第1章介绍的"转型的12个步骤"是讲转型城镇要如何开展具体活动，也就是"做什么"（DOING）的部分，"TT精神"则是转型城镇在开展活动时最重视的东西，也就是"是什么"（BEING）的部分，也可以说是转型城镇活动的方针和理念。我们说过"Transition"是"转型"的意思。接下来，我统一用"从××向××"的表达方式来向大家说明，文化是如何通过转型城镇的活动实现转型的。我们依次看一下"TT精神"。

● 从依赖向自立转型

一个地区如果长期处于大部分必要资源需要依赖外部的状态，生活在那里的人也会不知不觉地产生依赖心理。依赖意味着有什么东西是自己没有的，同时还感到没有它不行，这就会带来孤立感和无力感。为了摆脱这种感觉，首先要从改变对资源的认识开始。比如关于能源，如果只关注化石燃料和核能，那么自己的地区则"没有"资源；但是如果把太阳光、风等也看作资源，那就变成"有"了。再进一步，如果把该地区的人，尤其是把这些人所具备的创造力看作资源的话，那么"有"就更多了。像这样，只要你想，所有的东西都能看作资源。也就是说，要把想法转换到"自己需要的资源在本地区内已经有了"，这样就会产生自立心，相信不依赖外部也没有问题。

● 从 Get 向 Create 转型

这里讲的"Get"是指从他人那里"获得"自己没有的东西，简单来说，就是"用钱买"。相反，"Create"是"创造"的意思，自己没有的东西不是从别处买，而是自己做。换言之，这可以理解为"从消费到生产的转型"。只要我们甘心做"消费者"，那就不得不依赖金钱。当然，自己需要的东西自己做，也就是"自给"是不容易的，但哪怕只是在可能的范围内去做做看，意识也会因此发生转变，还可以和本地区的伙伴合力实现"地区内自给"。可以看到从 Get 向 Create 的转型与从依赖向自立的转型是密不可分的，并且自己做自己需要的东西还可以培养创造力。

● 从分离向联结转型

前文提到过，许多生活在现代社会的人都不自觉地认为"自己和他人、自然是相互分离的"。由于在思想底层有这样的自我认知，人们即使看到了问题，也会认为"只有自己意识到这个问题"或者"光我一个人也解决不了问题啊"，并被由此产生的孤立感和无力感所折磨。因此，在转型城镇的活动中，我们尤其重视建立联结。对于居住在同一个地区但并未联结在一起的人，可以通过像社区货币这样的机制来建立新的联结，而对于那些虽然居住在同一个地区但未必有联结的团体，可以通过参与这些团体的运营，或者主动邀请他们一起开展活动等方式，有意识地去强化相互间的关系。像这样建立起来的连结会给人们带来力量，成为解决当地或者更大规模问题的原动力。

● 从排除向包容转型

与前文提到的"从分离向连结转型"也有关联的是，当我们试图与他人一起做点什么的时候，往往倾向于只和自己志向以及想法一致的人一起，回避那些和自己不一致的人。然而在环境发生巨大变化的时候，越是单一的团体越是脆弱，韧性也越低，被变化淘汰的可能性也就越高。因此，为了能灵活地应对变化，对于和自己志向以及想法不同的人，我们也要秉持"来者不拒"的精神，积极地接纳和包容，提高多样性。换一种说法就是，对于这个地区而言，每个人都有存在的价值。这个集体越多样，具有各种特长的人就越多，也就越方便根据情况发挥各自的长处。正因为每个人都有很多不同的想法和意见，所以只要我们真诚地相互倾听，就会发现很多意想不到的新点子。

• 从独占向共享转型

这里有两个要素：一个是从信息的独占向共享转型，另一个是从领导力的独占向共享转型。就信息向共享转型而言，在转型城镇的活动中，我们将自己的成功经验或者学习心得，作为公共资源积极地向外公开。比如转型藤野的活动，无论是万屋实践的存折型社区货币机制，还是藤野电力实践的迷你太阳能发电系统工作坊的做法，只要有需求，我们都会倾囊相授。我们认为分享这些信息是为了尽早地让全世界都能转型到更好的状态，所以这也是出于我们的责任感。

就领导力向共享转型来说，至今为止，关于领导力的主流想法大部分是基于金字塔形的组织架构，领导力是由上层结构中的少数人来发挥的。但是，这样做的话，很可能会损害组织成员的自发性和创造力。转型城镇的活动则与之相反，领导力是所有成员共享的，任何人在任何时候都可以发挥领导力。为了提高地区韧性，我们需要解决各种各样的问题，而且所有问题都由少数领导者去解决是非常缺乏效率的吧。

• 从控制向自发转型

前文讲到如何看待领导力，与之相关的是开展活动的时候要先制订计划。为了让事情按计划进行，人们常常会用控制的方式，这种做法看上去似乎很合理，也有保障，但实际上"计划破产"的情况屡见不鲜。这是因为人不仅不一定会依照理性，相反更可能会依照情感行事。如果像企业那样，有工资这种经济上的动机还好，但如果是市民活动，因为没有这样的经济动机，那就更需要依照情感来选择做事方式。第2章里我们讲到，在转型藤野，我们的活动宗旨一直都是"想做的人，在想做的时候，做想做的事，想做多少做多少"，从这里可以看到我们的决心，我们希望最大限度地尊重每一位成员的自发性。这样做能让创造力这个迄今为止没有被充分激活的、可再生的、每个人所拥有的能源被释放出来。

• 从消极向积极转型

当试图解决像气候危机这样规模大且已经十分严重的问题时，我们往往会受到消极情绪的影响。我们需要持久且耐心地去对待这些问题，所以我们需要更加积极的态度。当然，这并不意味着对现状视而不见、盲目乐观，而是应该在认真接受现实的同时，思考如何改变现实，然后使之符合我们的期待。也就是说，我们需要发挥自己的想象力，去描绘我们所期待的未来愿景，并且还要和当地人一起去描绘这一未来愿景。当一群人拥有同样的愿景时，大家就能齐心协力朝着那个目标努力，目标就会变得更易实现。

• 从抱怨、放弃向行动转型

最后，仍然要强调行动的重要性，就算遇到挫折也要继续行动。当遇到对自己不利的情况时，抱怨、发牢骚或者放弃都是容易的，但这不过是在宣告"我很无力"。相反，从自己力所能及的事开始，哪怕是很小的事，只要坚持不懈地行动，无论结果如何，我们就是"有力"的人。同时，如果能和他人联结并一起努力的话，行动与行动间就会发生协同作用从而成为强大的力量。无论是个人的力量，还是社群的力量，最终都是需要通过行动来实现的。

最后

以上是转型城镇活动非常具有特色的方针和理念，同时也是其文化的组成要素。我认为在这里介绍的 8 个"TT 精神"正是转型城镇能在短短的十多年里，在全世界迅速扩大的真正原因。在这里总结的内容，其实在本书各章均有涉及，只是没有明确地用语言表达，相信读者朋友们已经感受到了。最后，我还想说，如果我们想去改变自己所在的社区——无论是地区、企业等组织或团体，还是国家或整个世界——那个带来改变的杠杆支点永远都在自己身上。换言之，我们不去改变自己的话，世界就无法改变。这听起来似乎很难，但却是一个充满希望的信息。因为一个人的力量不足以改变世界，但一个人的力量足以改变自己。当我们改变自己时，身边的世界（或者说地区）就会跟着改变，如果有更多的地区发生这样的变化，那么这个世界也会发生变化。我们通过我们的地区与世界相连。因此，只要让我们自己成为杠杆支点，通过开展地区活动，触发变化的连锁反应，那么这个浪潮必然会席卷全世界。我是这样相信的。

后记

　　写完这本书，我如释重负。之所以这么说，可能是感到"终于尽到了我的责任"。其实，正式开始写这本书大约是在三年前，也就是 2018 年初。在那之前，我就一直想着要把我们在藤野所做的这些事好好地用文字记录下来。既然我是发起人，同时也经常写文章，那么这件事就应该由我来做。刚好就在前一年年底，我的另一本书正式出版了，所以我也有了充分的时间开始写这本书。

　　然而，就是从那一年开始，我所运营的"美好生活研究所"加快了在中韩等亚洲国家开设课程的进度。不仅如此，我还开始在东京一家新成立的研究生院担任专职教员。这导致我一直没有写作的时间。

　　对我来说，为了确保时间，最现实的做法只能是减少睡眠时间，每天早上挤出一小时用来写作，一点点积少成多。但是，由于白天的疲劳，常常无法挤出一丁点儿时间。直到去年（2020 年）3 月，由于新冠疫情大流行，海外的工作相继取消或者延期，反倒让我有了完整的时间。我的内心有一个声音在说："要写就趁现在！"于是，我开足马力一口气写完了这本书。

任何事都是这样，总有积极的一面和消极的一面，新冠疫情大流行的影响也是一样。对我而言，积极的影响不仅是给了我写书的时间，同时重要的是，它让全世界的人清楚地看到，我们的生存方式和生活方式必须改变。这次的疫情无意中暴露出我们对燃烧大量化石燃料所产生的能源的过度依赖，同时生存方式和生活方式又是如此缺乏韧性。为了摆脱这样的现状，除了研发疫苗和特效药，以所居住的地方社区为中心，提高区域经济韧性，对于提高我们生存和生活方式的韧性而言是十分必要的。这也可以说是长期计划的一种。总之，本书所介绍的转型城镇活动，可以说为我们在疫情后的生存和生活方式指出了方向。"要写就趁现在！"我当时之所以这么想，是想请那些受疫情所困的人，看到转型城镇活动里所包含的巨大的可能性。

从长期来看，我认为全球变暖造成的气候危机问题比新冠疫情大流行要严重得多，但世界上有如此之多的人失去生命或身陷困苦的境地，大流行的严重性依然是毋庸置疑的。

不过就像过去所有的流行病一样，疫情也终将在不远的未来平息下来。但对于气候危机，我们必须抱着和对待疫情危机一样的甚至更大的危机感去应对才行，不然，我们遭受的损失将是不可比拟的。人们对于像新冠疫情那样紧急程度高的危机总能比较迅速地采取行动，但是对待气候危机那样发展缓慢的危机总是反应迟钝。这就是人们常说的"温水煮青蛙"现象，就是把青蛙放到热水里，它会一下子就跳出来，但是放进温水里慢慢加热的话，直到沸腾它也不会跳出来，就这样被煮熟了。虽然这个比喻有点残酷，但我们对待气候危机的反应正和这只温水里的青蛙一样，一直这样下去，我们真的有可能像人们常说的那样，被全球变暖"煮熟"了。

这样说也许对青蛙不太礼貌，我相信人类要比青蛙更聪明，不然被煮熟的就不只是青蛙，其他物种也会被一起煮熟吧。所以不只人类，今天的我们对于所有共享地球空间的生命都担负着重大的责任，并且这个责任不仅涉及当下的生命，还包括未来的生命，以及那些还未出生的生命。看到这里，大家心中可能会有一种重大的责任所带来的压迫感吧。然而正像"危机"这个词里不仅有危险的"危"，还有机会的"机"，所以气候危机也是人类发挥自己"本领"的大好机会，也是证明"人类并非如此"的绝好机会。

我认为，人类现在最应该发挥的本领是"共情力"（思い
やる）。日语字典里"思いやる"的意思是"站在对方立场
行动"。我认为人类本就或多或少地具备共情力。人们在行
动的时候会考虑到自己的家人和朋友，那使没有人要求你，
你也会每天自然而然地这么去做。也许其他动物也在一定程
度上拥有这种能力。然而，能够共情离自己比较远的人，或
者住在地球另一边的人，或者人类以外的生命，甚至还未出
生的一切物种，应该只有人类这样能超越时间和空间展开想
象的生物才能做到吧。我们在本书介绍的转型城镇活动中也
可以看到，比如第3章介绍的灾区支援等活动，我一次又一
次地目睹了人们是如何超越熟人的范围，发挥他们共情他人
的能力的。因为有了这次经历，我认为无论是新冠疫情大流
行还是气候危机，要解决现在所面临的全球危机，其关键就
是如何扩大共情的作用范围，也就是如何扩大我们的"共情
的圈层"。要扩大这个圈层，对于大部分人而言，比较现实
的第一步应该是先从自己居住的社区开始，然后这个圈就会
像石子扔到水里时激起的波纹一样，自然而然地扩大至更远
处。我非常乐于见到本书成为推动波纹的力量之一。

最后，我想要介绍为本书的出版做出巨大贡献的几位伙伴，并在此表达我的感谢和敬意。首先是从本书的策划阶段到最后出版，陪伴我整个过程的小山宫佳江女士，她是转型藤野的初创成员，同时也是转型日本的现任共同代表。没有她不知疲倦的支持，这本书不可能问世。此外，还有包括她在内的转型藤野的伙伴们，当我因写作受阻而倍感痛苦的时候，常常想起这十几年来和他们一起开展活动的种种场景而获得无比的力量。由于篇幅所限，我无法介绍所有活动和所有的人，但是毫不夸张地说，正是他们的存在让我完成了这本书。我还要感谢所有支持我们的活动、给予支援和激励的藤野当地的人，也包括那些不是转型藤野的成员但依然支持我们的人。

还有和我一起将转型城镇介绍到日本作为现任转型日本共同代表的盟友吉田俊郎先生，以及努力将这个活动推广到日本各地的历任转型日本的理事和监事们，还有书中只介绍了其中一小部分的、在日本各地开展转型城镇活动的伙伴们，以上所有人都给予了我巨大的帮助和支持。我不能忘记的是在英国最早发起这个活动的罗伯·霍普金斯先生，以及所有来过日本并给予我们有形或无形帮助的世界最初的转型

本书献给转型藤野的伙伴们。（摄影：袴田和彦）

城镇托特尼斯的伙伴们。与你们的相遇以及从你们身上学到的东西是我写这本书的原点。

除了以上诸位，我还得到了众多人士的帮助。借给我转型城镇演讲影像资料（其中包含我的演讲）的片山弘子女士，以及帮助我完成烦琐的录音转文字工作的志愿者空闲厚树先生和奥川美也子女士，还有增田先生所引见的、为本书出版铺平道路的小柳晶嗣先生，为本书出版建立网站的关谷朱樱实女士，为本书封面作画的藤野居民田中直子女士，负责本书整体设计的冈本健先生，我在此对以上诸位表示衷心的感谢。在本书的最后，我想对地涌杜出版社的增田圭一郎先生表示最深切的感谢，感谢他从一开始就对我所开展的活动及其底层理念给予的充分理解，他对我的写作给予了完全的信任，并且耐心地陪伴我到最后。

2021 年初春

榎本英刚